소립자론의 세계

소립자론의 세계
물질과 공간의 궁극에 도전

–
초판 1쇄 1985년 06월 20일
개 정 판 2022년 05월 17일

–
지은이 가다야마 야스히사
옮긴이 박정덕
발행인 손영일
디자인 이보람

–
펴낸곳 전파과학사
출판등록 1956. 7. 23 제 10-89호
주   소 서울시 서대문구 증가로18, 204호
전   화 02-333-8877(8855)
팩   스 02-334-8092
이메일 chonpa2@hanmail.net
홈페이지 www.s-wave.co.kr
공식 블로그 http://blog.naver.com/siencia

ISBN 978-89-7044-707-0 (03420)

소립자론의 세계

물질과 공간의 궁극에 도전

가다야마 야스히사 지음

박정덕 옮김

전파과학사

머리말

이 책은 인간이 물질과 그 배후에 있는 공간의 수수께끼에 도전해 어떤 노력을 쌓아 올리고 있다는 것을 많은 사람이 이해해 주었으면 하는 생각에서 시작되었다.

이들의 노력의 결과가 소립자론(素粒子論)이라는 학문으로 정리되어 있으나 그 학문은 결코 완성된 것은 아니다. 그 내용은 인간이 살아 있는 한 계속해서 수정될 것이다. 소립자론은 소립자에 관한 학문으로 그치는 것이 아니라 소립자를 발판으로 삼아 자연의 근원을 찾으려는 인간의 사색과 노력의 결과이기 때문이다.

인간의 사색(思索)이 진척되고 노력이 쌓일수록 학문의 내용도 바뀌는 것은 당연하다. 현재 우리는 자연의 근원을 찾는 많은 장치와 방법을 갖고 있다. 옛 시대 사람들이 머릿속으로만 자연을 탐구하려 한 것과는 달리 요즘 사색의 결과는 언제나 실험을 통해 연구해서 그 옳고 그릇됨을 엄격하게 판정한다. 그렇기 때문에 우리의 사색은 훌륭한 성과를 거두는 동시에 차츰 한정된 방향으로 나가게 되었다. 그렇다고 해서 과학자들이 단지 한 가지 방법의 사고방식만을 밀고 나가는 것은 아니다. 지금의 유력한 학설 이외에도 또 다른 여러 가지 사고방식이 가능할 것이라고 생각된다.

이 책을 쓸 때쯤 우선 이러한 사실을 생각했다. 그래서 지금까지 이런 종류의 책이 취해온 스타일, 즉 현재의 지식을 전망하고 해설하는 식의 스타일과는 전혀 다르게 우리가 어떻게 해서 그 지식에 도달했는가를, 성공이든 실패든 통틀어 이야기하기로 했다. 성공을 통해 얻은 지식만이 장래에 쓸모가 있다는 것은 아니다. 지금까지 해왔지만 허무했다고 생각되는 노력도 언젠가는 결실을 보게 될지도 모르기 때문이다.

이 책은 소립자론의 지식을 안일하게 배우고자 하는 독자의 요구에는 유감스럽지만 응해 주지 못한다. 또 내용 면에서도 소립자론 전체에 걸쳐 있는 것은 아니다. 그러나 그 대신 지금부터 자기 힘으로 여러 가지 학문을 개척해 나가려는 사람들에게는 아마 조금이라도 도움이 되리라고 생각한다. 물론 일반 사람들에게도 현대과학의 이론이 어떻게 추구되고 이루어져 가는가를 하나의 드라마로서 읽을 수 있으리라고 생각한다. 그 때문에 자칫 어려워지기 쉬운 표현에는 되도록 마음을 썼다. 과학의 지식이 소수의 전문가의 것이 되어서는 안 된다고 생각하기 때문이다.

이 책의 등장인물은 대부분이 지금도 제일선에서 활약하는 사람들이다. 그 사람들이 학문을 창조하는 국면에서 어떤 사고방식을 가졌고, 어떻게 그것을 구체화시켜 나갔는가 하는 것은 우리로선 정확히 잘 알지 못한다. 또한 결정적인 순간에 대한 당사자의 기억도 그다지 확실하다고는 말할 수 없을 것이다. 그런 사정으로 집필에는 그 당시 이러했으리라고 생각되는 상상을 보태지 않을 수 없었다. 그 점에 대해 중대한 오해가 있다면 관계자 여러분이 지적해 주시면 고마울 것 같다.

이 책의 집필이 거의 끝날 무렵에 등장인물 중에서도 가장 중요한 사람의 하나인 사카타 쇼이치 선생의 부음에 접했다. 사카타 선생이 소립자론에서 이룩한 역할이 얼마나 큰 것이었던가, 더욱 장수하셨더라면 이 책이 얼마만큼 수정되었을까 하는 생각이 들 때 진정으로 유감이라는 생각이 들었다. 또한 사카타 선생뿐만 아니라 일본의 물리학자가 소립자론에 기여한 점이 많았는데 이 책은 여기에도 중점을 두었다. 앞으로 후진들이 더욱 그 성과를 늘려나가는 것이 여러 선배에게 보답하는 유일한 길이 될 것이라고 생각한다.

끝으로 이 책을 만들기 위해 노력을 아끼지 않은 고단샤의 스에다케 군과 삽화를 담당한 나가미 하루오 양에게 감사를 드린다.

가다야마 야스히사

목차

우주 방정식의 제창자, 하이젠베르크

제1장
근원물질

물질의 수수께끼를 추적해 가면 근원물질이라는
것에 도달한다. 그것은 고대인의 사색이 걸어온 과정이다.
현대에도 우리는 소립자를 실마리로 하여 방대한 노력과
막대한 비용을 투입해 같은 길을 걸어가고 있다.

톱뉴스

2월의 어느 날 아침, 출근 전 부산한 시간을 틈타 신문을 펼쳐 든 사람들은 신기한 기사가 1면을 차지한 것을 보고 깜짝 놀랐다. 큰 표제 옆에는 괴상한 추상 예술과 같은 기호가 춤을 추고 있었다. 아무래도 수학의 방정식처럼 보였으나 도무지 그 뜻을 헤아릴 수가 없었다.

표제에는 "하이젠베르크 교수, 우주의 통일 이론을 제창"이라고 되어 있었다. 혹은 "하이젠베르크 박사, 우주 방정식을 발견"이라고 쓴 신문도 있었는지 모른다. 어쨌든 우주라고 하면 누구나 다소 흥미를 갖는다. 많은 독자는 버스 시간에 신경을 쓰면서도 재빨리 기사를 읽어 보았다.

—노벨 물리학상 수상자, 독일의 하이젠베르크(Werner Karl Heisenberg, 1901~1976) 교수는 25일, 괴팅겐대학에서 '소립자 이론의 진

12

보'라는 제목으로 강연을 하고, 그 가운데서 모든 물리학상의 법칙을 예외 없이 설명하는 기본 방정식을 발견했다고 발표했다. 하이젠베르크 교수는 또한 다음과 같이 말했다. "현재의 연구 단계에서는 방정식의 정당성이 최종적으로는 증명되어 있지 않다. 그러나 만약 이론의 정당성이 증명된다면 우주의 모든 구조를 설명할 수 있는 이 이론은, 모든 기초물리학 이론에 있어서 최종적인 해답이 될 것이다. 앞으로 모든 물리학 연구는 '깊이'보다는 차라리 '너비'를 찾게 될 것이다"라고—.

아쉽게도 이 기사만으로는 표제 이상의 것을 알 길이 없다. 이런 복잡한 문제를 온종일 생각하는 작자들도 있구나 하고, 한편으로는 감탄하면서도 한편으로는 동정도 하며 다시 한번 그 수학식을 들여다보았다…는 것이 대부분의 독자였다고 해도 과언이 아닐 것이다. 그들은 그것을 알지 못하므로 도리어 신비한 매력을 느끼며

"우주란 이런 것인가?"

하고 중얼거리는 것으로 만족하고, 서둘러 먹던 된장국을 들이마셨다.

보통 사람에게는 이와 같은 우주의 수수께끼라든가 물리학의 최신의 성과라든가 하는 문제를 다시 새삼스럽게 생각해 볼 겨를이 없었을 것이다. 그리고 그러한 엉뚱한 생각을 하다가는 혼잡한 버스를 놓치고 지각해 상사의 눈총을 받기 마련이다. 아무튼 그것으로 인해 가까운 장래에 세계가 어떻게 바뀔 것도 아니고, 자기에게도 이렇다 할 큰 영향이 미칠 것도 아닌 이야기…인 것이다.

그리하여 그 톱뉴스는 사람들의 머릿속에 오래 남아 있지는 않았다.

기자회견

이야기를 독일의 고도(古都) 괴팅겐으로 돌리자. 그것은 그 뉴스의 발단이 괴팅겐대학에 있었기 때문이다.

대학에는 기자 클럽을 위해 방이 하나 마련되어 있었다. 기자 클럽이란 것은 각 신문사 기자들의 대기 장소다. 학예부 기자들이 늘 그곳에만 박혀 있는 것은 아니지만, 어떤 사건이 있으면 즉시 그곳을 통해서 회원들에게 연락을 취할 수 있게 되어 있다. 그러나 이번과 같이 강연자가 독일 물리학회의 중진이라면, 학교 당국으로서도 기자 클럽에 전화 한 통하는 것만으로 그칠 일이 아니기 때문에 각 신문사와 통신사에 정중한 안내장이 발송되었다.

"이번 하이젠베르크 교수의 강연은 보통의 통속적인 강연이 아니고, 하이젠베르크 교수가 자신을 중심으로 하는 그룹에서 실시한 획기적인 연구 성과를 발표하는 모양이다."

이 뉴스에 호기심을 가진 것은 과학 담당 기자들만이 아니었다. 사회부와 정치부 기자들도 과학의 발전에 무관심해서는 밥을 먹을 수 없는 시대가 되었기 때문이다.

물리학의 연구는 그것이 겉보기에는 매우 아카데믹하게 보이는 것이라도, 실제로 어떤 큰 문제와 연관되어 갈 것인지는 예측하기 어렵다. 이를테면 원자력이 그러하다. 1934년 로마대학에서 페르미(Enrico Fermi, 1901~1954)가 중성자를 사용해 초우라늄 원소를 만들고 있다는 것을 신문이 특종 기사로 다루었다. 페르미의 실험 팀은 원소에 중성자를 가하면, 한층 무거운 다른 원소가 생성된다는 것을 발견한 것에 지나지 않았다. 즉, 질소에 중성자를 가한 결과 탄소가 만들어지는 것으로 주기율표의 바로 우측 원소가 탄생했다. 주기율표란 대충 말해서 원소를 질량(質量) 순으로(정확하게는 화학적 성질에 따라서) 나열한 것인데, 천연으로는 92번째의 우라늄 원소로 표가 끝나고, 그 우측은 빈자리로 되어 있다. 그런데 그 우라늄에 중성자를 가하게 되면 전혀 새로운 원소가 만들어지게 된다.

이는 그것만으로도 물리학상의 대발견이었는지는 모르나 세상 사람들에게는 특별히 이렇다 할 큰 문제로 생각되지는 않았다. 그러나 이 신문 보도에 크게 놀란 사람들이 몇 사람 있었다. 그중에서 한(Otto Hahn, 1879~1968)과 슈트라스만(Fritz Strassmann, 1902~1980)은 4년 후에 원자핵분열이라는 예상도 못했던 사실이 일어나고 있는 것을 확인했던 것이다. 불행하게도 그 성과는 일본의 히로시마와 나가사키에 원자폭탄 투하라는 형태로 세상 사람들에게 돌아갔다. 이후, 신문기자도 수비 범위를 넓혀두지 않으면 어떤 큰 문제를 놓쳐버릴지도 모른다는, 당사자로서는 결코 방심할 수 없는 큰일이 되고 말았다.

이런 사정도 있고 해서 하이젠베르크가 중대한 발표를 한다는 정보에 기자들이 긴장한 것은 당연하다.

이윽고 당일, 공식 강연을 마친 하이젠베르크는 제법 기분 좋은 모습으로 기자단 앞에 나타났다. 60살에 가까운 이 세계적 물리학자는 회장을 한 바퀴 훑어본 다음, 자기의 일생을 회상하듯이 이야기를 시작했다.

고대인의 지혜

"조금 전에 나는 강연을 마쳤지만 여러분을 위해 다시 한번, 이야기를 되풀이하겠습니다. 우리 물리학자는 우주나 그곳에서 일어나는 여러 가지 현상을 근본에서부터 설명할 수 있는 것을 줄곧 찾아왔습니다. 우선 그 열쇠로 원자를 생각하고 원자를 이해하는 법칙, 즉 양자역학(量子力學)을 만들었습니다."

그의 넥타이핀이 번쩍하고 빛을 던진 것처럼 느껴졌다. 그것은 영문의 소문자 h를 본뜬 것으로 양자(量子)를 특징짓는 상수… 그리고 양자역학 건설의 당사자인 하이젠베르크의 영예를 나타내고 있었다.

"그런데 원자는 중심에 있는 원자핵과 그것을 둘러싸는 전자군(電子群)으로 이루어져 있을 뿐만 아니라, 원자핵은 다시 양성자와 중성자의 집단이라는 것을 알았습니다. 그리고 현재 우리는 전자, 양성자, 중성자라고 하는 많은 종류의 입자가 있다는 것을 알고 있습니다. 그 입자들을 통틀어 소립자라고 부르고 있는데, 그와 같은 것은 수십 또는 수백 가지가 있을지도 모릅니다.

지금으로부터 30년 전쯤에는 위의 세 종류밖에는 알려지지 않았습니다. 즉 물질의 최소 단위로서의 원자(原子)입니다. 이 최소 단위라는 개념은 그 이상 작은 부분으로는 분할할 수 없는 경우에 비로소 의미가 있습니다. 그런데 그로부터 현재까지 약 30년간 여러 가지 현상을 설명하기 위해 차츰 수많은 다른 종류의 소립자가 등장해 왔습니다. 중성자, 중성

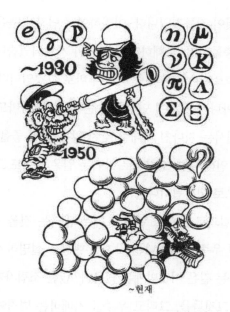

수백 개가 있더라도 소립자라 한다?

미자(中性微子), 파이(π)중간자, 뮤(μ)중간자… 거기에다 '새 입자'라고 총칭되는 한 무리의 수명이 짧은 소립자 등이 그것이며, 앞으로 더욱더 많은 소립자가 등장할지도 모를 상황에 놓여 있습니다.

이것은 무척 곤란한 일로 생각됩니다. 그것은 최소 단위를 생각한 동기가 그것에서부터 모든 자연 현상을 설명하기 위한 것이었으므로, 최소 단위인 것은 수가 적으면 적을수록 좋은 것인데 결과가 반대로 되었다고 할 수 있습니다. 그래서 '소립자가 과연 정말로 최소 단위일까' 하는 의문이 들었던 것입니다. 그 질문에 대답하려면 소립자가 분해되는지 어떤지를 조사해 보는 것이 지름길입니다. 이리하여 소립자에 높은 에너지를 주어 서로 세차게 충돌시켜, 분해하려는 실험이 계획되었습니다. 제네바의 대형가속기(PS싱크로트론)의 목적 중 하나가 바로 그것입니다. 또 최종적으로 확인된 것이 아니기 때문에 단정할 수는 없으나, 아마도 우리는 소립자의 분해에 대해서는 지나친 기대를 갖지 않는 것이 좋을 듯합니다. 즉 소립자는 충돌로 인해 다른 소립자로 바뀌는 일은 있어도 그 부분의 분해는 하지 않을 것으로 생각됩니다.

그렇다면 그 결과로서 최소 단위가 매우 많다는 것을 인정하는 것이 됩니다. 그렇다면 우주에 일어나는 갖가지 현상을 설명하기 위해 근본으로 거슬러 올라가는 길은 이것밖에는 없을까? 많은 소립자가 있다는 것일 뿐, 그 배후에는 그것들을, 그리고 우주를 지배하는 법칙이라는 것은 없을까? 나는 그것에 답을 주려고 한 것입니다."

이야기가 점점 핵심에 다가서자 기자단 속에서도 긴장된 공기가 감돈다.

"내 생각은 고대 그리스의 자연철학자들, 특히 플라톤의 생각과 같습니다. 잘 아시다시피 이오니아의 사상가 탈레스는 이 우주의 성립의 그 근본이 되는 것으로서 '근원물질'을 상정(想定)했습니다. 그는 자연의 모든 것이 근원물질로부터 만들어지기 위해서는 그 근원물질은 원래 어떤 형태로든지 될 수 있는 것, 그 자신이 특별한 형태를 갖지 않은 것이라고 생각하고 '물'을 구체적인 예로 들었습니다. 나는 근원물질이 물이라고는 생각하지 않으나 이 사고방식은 정당할 것입니다. 우리가 현재 생각하는 소립자는 서로 반응해서 여러 가지 다른 종류의 소립자로 바뀌고 있는 셈인데, 그 양상은 바로 그 배후에 공통된 물질이 있다고 생각하기에 적합하다고 생각됩니다.

근원물질이 우주에 모습을 나타내는 데는 어떤 형태를 취하지 않으면 안 됩니다. 플라톤은 우주에 존재하는 아름다운 형태를 가진 것이라고 생각했습니다. 즉 어떠한 형태의 것이라도 존재할 수 있는 것이 아니라, 적당한 이유가 있는 형태를 취하는 것만이 존재가 허용되고 있다는 것입니다. 나도 소립자란 그런 것이 아닐까 하고 생각합니다. 근원물질은 특별히 이유가 있는 형태를 통해서 우주에 있으며, 그 최소인 것이 소립자로 되어 있는 것이 아닐까요? 이렇게 생각하면 소립자가 소립자로 바뀔 수는 있어도 부분으로 분해되지 않는다는 사실도 이해가 됩니다.

그래서 우주의 기본 법칙으로서 궁극적으로 근원물질이 어떤 법칙을 따르는가, 그리고 그 결과로서 왜 소립자라는 특정한 형태의 존재가 허용되는가 하는 것에 대한 해답을 찾아야 할 필요가 생깁니다. 우리 팀은 오랫동안의 연구 끝에 그 해답 비슷한 것을 찾을 수 있었습니다.

우리는 근원물질을 지배하는 방정식을 찾았습니다. 이 방정식은 현재의 실험 상황으로 보아 충분히 만족할 만한 것으로 생각됩니다. 요컨대 이 방정식을 해석하는 것으로 인해 여러 가지 소립자가 유도되고, 또한 우주의 갖가지 현상이 결국 이것으로부터 설명될 것입니다. 만약에 이 방정식이 정당하다면 앞으로 우리가 할 일은 근원물질의 그 근본을 조사하는 일이 아니라, 이 방정식으로부터 어떻게 해서 소립자가 이끌어지는

가, 또 우주의 모든 현상이 어떻게 이해될 것인가를 검토하는 일일 것입니다."

하이젠베르크는 이렇게 결론짓고 그의 말을 마쳤다.

우주 방정식

한 기자가 질문했다.

"그렇다면 선생님은 우주를 지배하는 방정식을 발견하신 셈이군요."

"그렇다고 해도 될 것입니다. 그러나 주의해야 할 점은 이 방정식을 얻었다고 해서 우주의 모든 현상을 다 알아버렸다고는 말할 수 없다는 것입니다. 우주에서 일어나는 모든 현상은 기본적으로는 소립자의 행동으로 거슬러 올라간다고 물리학자들은 생각하고 있습니다. 소립자를 지배하는 법칙을 안다는 것이 결국 우주 전체를 지배한다는 뜻이라면 당신의 질문에 대한 나의 대답은 'yes'입니다. 그러나 가령 생물체를 예로 들어본다면 그곳에는 거기서 해명되지 않으면 안 될, 특유한 현상과 법칙이 있습니다. 생물체가 거대분자(巨大分子)로부터 구성되고 그 분자는 전자(電子)에 의해 좌우되며, 전자의 법칙을 알게 되면 모든 것이 끝난다는 그런 단순한 문제는 아닐 것입니다. 물론 전자를 지배하는 법칙을 알 필요가 있습니다마는, 그렇다고 해도 아직 문제가 남아 있습니다. 우리의 방정식이 그런 경우에도 직접 답을 줄 수가 있느냐고 묻는다면 그것에 대한 답은

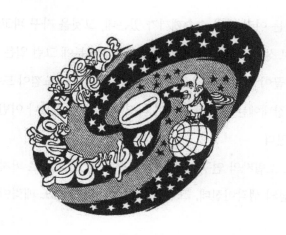

이것이 우주 방정식이다

'No'입니다."

다른 기자가 질문했다.

"말씀하신 우주 방정식이란 어떤 것입니까? 저는 도무지 알 수가 없는데, 참고삼아 보여 주십시오."

그의 솔직함에 일동은 왁자지껄 웃었다. 하이젠베르크도 웃는 얼굴로 일어서서 칠판을 향했다. 그가 써 보인 것은 그리스 문자의 나열이었으나 기자들 모두 마치 복사기처럼 그것을 베껴 쓰기 시작했다.

"식의 설명은 생략하겠으니 양해해 주시오. 가까운 시일 안에 논문의 인쇄가 끝날 예정이니 그것을 보내드리겠습니다."

긴장이 풀리며 기자들의 질문도 활발해졌다.

"우주에는 여러 가지 수수께끼가 있는데, 그것을 자꾸 파고들면 끝이 없을 것으로 생각됩니다만, 선생님의 방정식 덕분에 그런 일은 없을 것이고, 이제야 끝이 났다고 생각하니 불안감에서 해방된 느낌이 드는데요."

그러자 장내에는 또다시 웃음이 터졌다. 그도 웃었으나 이번에는 대답을 하지 않았다.

"앞으로 소립자의 연구는 깊이 파고들지 않고, 옆으로 퍼져나갈 것이라는 선생님의 생각이신데, 그렇다면 전보다 어느 정도 매력이 없어지겠군요?"

다른 기자의 질문에 하이젠베르크는 머리를 가로저었다.

"원자의 세계를 추구하여 그것을 지배하는 법칙… 양자역학이 발견되었습니다. 그래서 원자와 분자의 현상을 다루는 학문, 화학이나 고체물리학이 매력이 없는 것이 되었냐고 하면, 그것은 도리어 반대로 점점 더 재미있어져, 풍부한 세계가 전개되어 왔습니다. 생물체에 관계되는 학문, 특히 생물물리(生物物理)라고 부르는 분야는 연달아 매력적인 많은 문제를 제공합니다. 내가 좀 더 젊었더라면 틀림없이 생물물리의 연구를 시작했을 것입니다.

소립자물리에 대해서도 이와 같이 말할 수 있습니다. 오늘 말씀드린 나의 생각은 가까운 장래에 그 옳고 그름이 확인될 것이지만, 다행히도 이 사고가 성공하여 기본 방정식의 정당성이 증명되었다 하더라도 그 뒤에는 아직도 무척 매력적인 문제가 생길 것으로 생각합니다. 아마 제네바의 대형가속기도 머지않아 활동을 시작할 것이므로 여러분도 직접 그것을 알 수 있는 기회를 갖게 될 것입니다."

기자단의 대표가 입을 열었다.

"그러면 마지막으로 질문하겠습니다. 선생님은 원자의 법칙인 양자역학을 만드셨습니다. 그리고 이번에는 우주의 근본 법칙이라고도 할 우주 방정식을 발견하셨는데, 어느 쪽에 더 자신을 갖고 계십니까?"

"옛날과 지금, 24살과 57살은 비교도 안 되지만, 어느 쪽도 다 자신이 있고, 또 자신이 없다고도 말할 수 있는 심정입니다. 양자역학은 그 후 점점 확고한 지위를 쌓아 올려왔다는 것은 잘 아시는 바와 같습니다. 여기서 우주 방정식…이라는 이름을 사용한다면, 이것이 앞으로 어떻게 확인될 것인지는 모르지만 현재의 상황으로는 가장 자연스러운 해답이 될 것이라고 생각합니다."

기자들은 일제히 회견장 밖으로 뛰어나갔다. 바깥은 2월의 공기가 얼어붙어 있었다. 독일의 2월은 카니발의 계절. 춤추고 노래하는 사람들의 소리가 들려오는 것 같다. 춥건 말건, 사람들이야 춤을 추건 말건, 취재 기자들의 활동은 이제부터 바쁘다. 폭스바겐—풍뎅이 차가 여러 대 여기저기로 달리기 시작했다.

낡은 질문, 새로운 대답

신문사에서는 취재반이 가져온 정보에 따라 학예부가 움직이기 시작했다. 물리학의 최신 정보를 어떻게 다루어야 하는가는 무척 어려운 문제이다. 담당인 A 기자와 데스크는 이것을 톱기사로 다루기 위한 작전을 세워 정리부로 가지고 갔다.

매일 있는 일이지만, 다음 날 아침의 신문에 무엇을 머리기사로 싣는가 하는 것은 신문사의 권위와 성격에 관련되기 때문에 상당히 고도의 판단을 필요로 한다.

"톱으로 내세우는 이유가 뭐지?"

정리부의 주간이 질문한다.

"무엇이랄까. 이런 세속(世俗)을 떠난 기사가 크게 다루어져도 좋지 않을까 하는 생각이야."

담당 데스크가 모호하게 대답했다. 이것은 예비 탐색이다. 젊은 A 기자가 급히 덧붙인다.

"즉, 언제나 독자에게 생생한 사건을 제공하는 것만이 신문의 사명이 아니라, 인류의 영원한 소망과 관련될 만한 것을 보도할 필요도 있지 않을까요?"

"학예부에서는 늘 그런 주장을 하지만, 톱으로 다루는 데는 그 이유만으로는 부족해. 하이젠베르크가 세계적인 물리학자라는 것은 잘 알고 있네만 이번의 이론에 대한 전문가의 평가는 어떤가?"

A 기자는 대답한다.

"정직하게 말해서 찬반양론입니다. 코펜하겐의 원자물리학의 대가 보어(Niels Henrik David Bohr, 1885~1962) 박사는 이것은 혁명적인 이론으로서는 상식적이며 무리한 점이 없다고 말하고 있어요. 그러나 대체로 찬성인 편입니다. 가장 강경한 반대자가 취리히의 파울리(Wolfgang Pauli, 1900~1958) 교수지요. 그는 처음에는 이 이론에 협력하여 연명으로 할 논문의 초고까지 작성했다가 갑자기 싸우고 헤어졌다는 것입니다. 언젠가는 학문 논쟁이 벌어지겠지만 어떤 점이 그의 마음에 들지 않았는지 우리로서는 알 수가 없어요."

"그렇다면 찬반, 반반으로 보면서도 굳이 톱으로 밀겠다는 건가?"

주간은 이번에는 데스크에게 질문한다.

"사실은 이런 생각이야. 교수가 말하는 근원물질의 아이디어는 멀리 기원전 600년경의 탈레스로 거슬러 올라갈 수 있거든. 그가 우주를 통일적으로 생각하기 위해 근원물질이라는 사고에 도달하여, 만물은 물로부터 생성된다고 말했다는 건 알고 있을 것이고…. 우주가 존재하는 이상, 그것을 통일적으로 이해할 수 있는 원리가 있을 것이라고 그는 생각했었지. 이것은 그 이후로 이어지는 그리스 자연철학의 역사 속에 일관하여 흐르고 있는 정신이라고 봐도 좋을 거야."

정리부의 주간도 그 점은 당연히 알고 있다는 듯이 끼어든다.

"그건 나도 생각했어."

"그렇다면 얘기가 쉽겠군. 그래서 나는 두 가지 일을 자문해 보았거든. 탈레스로부터 원자론자 데모크리토스에 이르기까지의 역사는 사실 아리스토텔레스가 쓴 책 덕분에 우리가 알고 있는데 지나지 않아. 가령 탈레스 시대에 우리 신문사가 있었더라면 과연 아리스토텔레스처럼 이 중요한 의견을 대대적으로 다루었을까 하는 것이 하나, 다음에는 아리스토텔레스는 데모크리토스 등의 자연철학자의 주장에 반대하기 위해서 이 책을 썼다는 것이야. 반대자는 통상 자기에게 유리하게 상대방을 쓰거나, 아니면 불리한 것은 무시해 버리거든. 그런데 그는 그러지 않고 충실하게 소개했었어. 이오니아의 한 상인에 지나지 않는 탈레스의 근원물질에 대한 사고 따위는 아무런 근거도 없었으니까 무시하려 들자면 얼마든지 무시할 수 있었을지도 몰라. 그런데 그렇게 하지 않았던 것은 무엇 때문이냐? 반드시 매우 많은 사람이 그것에 관심을 가지고 있었거나 그가 매우 중요한 문제라고 생각했기 때문일 것이야.

그렇다면 결국 이렇게 요약되는 것이 아닐까? 즉 우주가 어떻게 되어 있는가? 그것을 지배하는 것이 무엇일까 하는 문제는 아마도 아리스토텔레스가 써 놓기 훨씬 이전의 시대부터 인류가 줄곧 생각해 왔던 것이며, 그 일부가 그리스 시대에 와서 사상(思想)으로서 표면에 나타났고, 또 현대의 물리학자의 탐구심을 부채질했어. 그것이 우리 인간에게는 생존하는 한 언제까지고 계속해서 질문을 던져갈 중대한 문제, 즉 인간을 포함해서 우주의 궁극적인 입각점이 무엇이냐는 문제와 연관되어 있지. 따라서 이러한 질문은 무척 오래된 것이지만 어느 시대에도 언제나 새로운 대답이 요구되고 있어. 더군다나 대중에 의해서 말이야. 과학이 나아갈 방향은 결코 대다수 사람의 이상(理想)과 의사(意思)와는 무관하지 않거든.

그런 점에서 우리 신문사가 그리스 시대에 있었든 현대에 있든 간에 새로운 해답 같은 것을 알게 되었다면 그것을 큰소리로 보도할 의무가 있다는 결론이잖아?"

"알았다. 알았어. 알았다니까. 될 수 있는 대로 그 우주 방정식이란 것도 눈에 띄게 크게 실어 보겠네."

결국 학예부 데스크의 주장이 관철되었다. 각 신문사에서의 결정은 가지각색이었지만 대개는 비슷한 상황이었다. 이리하여 하이젠베르크의 우주 방정식은 우주보다도, 무엇보다도 먼저 전 세계의 신문을 지배하게 되었다.

다른 길

일본 교토의 2월은 요시다 신사를 참배하는 사람들의 머리 모양에서부터 시작된다. 기혼여성이 처녀 시절로 되돌아간 모습을 하기 때문에 사람들은 이것을 도깨비라 부른다. 일종의 희한한 풍습이지만 이른 봄을 포근하게 느끼게 한다.

그해 봄 교토대학의 유카와 기념관에서는 또 하나의 희한한 일이 벌어졌다. 남쪽을 향한 3층 연구실에서 독서를 즐기고 있던 연구소원이 느닷없이 들어온 방문자를 보고 깜짝 놀랐다. 방문자는 유카와 히데키(1907~1981) 교수였는데, 그가 3층까지 올라오는 일이란 좀처럼 없었다. 거기에다 숨까지 헐떡이고 있었다.

"선생님, 무슨 급한 일이라도 있으십니까? 전화를 주셨더라면 제가 찾아뵈었을 텐데요."

"아냐. 여기가 나아. 사실은 하이젠베르크가 마침내 새 이론을 발표했다는 뉴스가 들려와서 말일세."

연구소원 K 씨는 선생님이 약간 허둥대고 있다고 느꼈다.

"특별히 달라진 데가 있었습니까? 우리는 괴팅겐 그룹에 속해 있는 Y
군에게 전부터 여러 가지 내용을 들어서 예상하던 일입니다만…."

"그건 그렇지. 나도 어떤 더 새로운 요소가 첨가되었다고는 생각지 않
아. 그런데 그는 이것에 우주 방정식이라고 이름을 붙인 모양인데, 무언
가 그럴싸한 확신이라도 잡은 것이 아닐까?"

그 무렵, 유카와를 중심으로 하는 일본의 그룹은 하이젠베르크와는 전
혀 다른 관점에서 소립자의 통일 이론을 건설하려 시도했었다. 소립자의
배후에는 무언가가 있다. 그것은 두 개의 이론에 공통되는 출발점인데…
거기서부터 길이 갈라진다. 아마 그 밖에도 여러 가지 길은 있을 것이다.
그리고 어느 길을 택하면 목표에 도달할 수 있을 것인지는 그 누구도 모
른다. 고대의 자연철학자들도 같은 상황에 있었다. 탈레스의 물이라는 주
장에 대해 불, 흙, 공기 또는 그것의 조합을 생각한 철학자도 있었다. 우주
의 근본을 근원물질로부터 생각한다고 하더라도 그러한 재질(材質)에 치중
하기보다는 그것의 이합집산과 변화에 착안한 학자도 있었고, 형태의 의
미를 강조한 사상가도 있었다. 현재의 우리는 원자론(原子論)과 같이 여러
가지 사상의 원천을 그들 자연철학자 가운데서 발견하게 될 것이며 또 그
것과 같이 여러 생각을 공존시키고 있다.

"아마 하이젠베르크는 장래에 새로운 소립자가 여러 개 출현하더라도
나머지 것은 근원물질의 방정식으로 설명할 수 있다고 확신하겠지요."

"그러나 요전에 자네가 검토해 주었듯이 그 방정식만으로는 모든 소립자 현상의 내용을 망라했는지 어떤지 도무지 알 수가 없거든. 비선형(非線型) 방정식이라 하는 간단히 풀 수 없는 장소로 도망쳐 버린 느낌이야. 그와 같은 숲속에 들어가 버리면 길을 잃어버릴 것이라고 생각되거든."

"찬성입니다. 그런 점에서 그의 이론에는 무리가 있으니까 문제가 남겠지요. 선생님의 생각처럼 처음부터 좀 더 분명하게 무엇이 있는가 하는 내용을 갖춘 형태로 만들지 않고서는……."

"그렇게 단정 지을 필요까지야 없겠지만, 아무튼 우리도 힘써 보세."

이번에는 반대인 것이다. 몰아붙이고 있는 것은 유카와 쪽이다.

벨이 울렸다. K 씨는 수화기를 들었다가 금방 놓았다.

"선생님, 기자들이 선생님의 이야기를 듣겠다고 몰려온 것 같습니다."

여기에도 하이젠베르크 이론이 밀려들어 왔다. 유카와는 천천히 자기 방으로 돌아갔다. 하이젠베르크는 하이젠베르크고, 유카와는 유카와다. 자신의 길을 갈 따름이다.

거대한 괴물

그로부터 10년 가까운 세월이 흘렀다. 경보가 울린다. 빨간 파일럿램프가 켜지고 둔한 버저가 울리기 시작한다. 관측실은 임전체제(臨戰体制)와도 같이 북새통이다. 마이크로폰으로 여기저기로 연락이 취해진다. 계기판 위로 램프의 명멸이 줄달음친다. 오실로그래프에는 백록색의 상(像)이

뱀처럼 꿈틀거린다. 기록 장치의 숫자는 자꾸 변해 간다.

"지금 280억 전자볼트(eV)의 최고 에너지에 도달했다. 양성자는 0.5㎞의 원둘레를 1초간 수십만 번이나 돌고 있다."

Z 박사는 옆에 있는 A 기자에게 귀띔한다. 그렇게 말해도 오늘 처음으로 참관하는 A 기자에게는 그것이 어떤 의미를 지니는 것인지 도무지 알 수가 없다. 무언가 정체를 알 수 없는 거대한 괴물이 제어실 저쪽에서 꿈틀거리고 있다는 느낌이다.

스위스 제네바 근교 메이런에 위치한 유럽 원자핵 연구 기관에 괴물이 탄생한 것은, 하이젠베르크의 이론이 발표된 이듬해였다. A 기자는 그런 일이 있고 난 뒤 한 번쯤 이 괴물을 자기 눈으로 직접 확인해 보고 싶었고, 그 뉴스의 뒤처리도 하고 싶었는데, 뜻하지 않게 세월이 흘렀던 것이다.

통칭, 세른(CERN)이라 불리는 이 기관의 괴물 이름은 PS, 자세히 말하면 양성자 싱크로트론(Proton Synchrotron)이다. 양성자를 가속하는 장치다. 지름 200m의 주위에 놓인 전장 628m 자석의 벽 속을 양성자는 거의 빛에 가까운 속도로 돌아다니며 벽 사이에 있는 출구로 빠져나가 곧장 목적물에 충돌한다.

"그러나 양성자의 가속 그 자체는 기초 준비이며, 그것이 목적물에 충돌하고 나서부터 물리학의 연구가 시작된다. 그러므로 앞에서 말한 제어실에서는 물리학의 실험을 하는 것이 아니고 제어실과 반대쪽인, 원둘레의 바깥쪽에서 놀라울 만큼 많은 여러 가지 실험이 계속되고 있다. 그 실험자에게 양성자라는 재료를 제공하는 것이 제어실의 역할이다. 세른에

건설 중인 신가속기 ISR(사진: CERN 제공)

서는 현재 2,500명이 일하는데, 그중의 5분의 1이 물리학 연구에 종사한다. 즉 500명의 물리학자가 하나의 기계에 매달려 우주의 근본 법칙을 계속 찾고 있는 것이다."

카페의 의자에 앉아 숨을 돌리고 있는 A 기자에게 Z 박사는 세른 전체의 상태를 파악하게 하려 한다.

"이 연구소는 1959년에 활동을 시작했는데, 10년이 지난 지금도 그 규모는 별로 달라진 것이 없다. 당시는 캘리포니아 대학의 베바트론(Bevatron)과 그 직후에 건조된 브룩헤이븐(Brookhaven)국립 연구소의 AGS와 트리오를 이루어 소립자물리학의 최첨단을 이루는 실험적 성과를 올려왔다. 그러므로 세른에는 세계 각국의 물리학자가 뻔질나게 드나든

세른의 양성자 싱크로트론

다. 이곳의 커피를 맛본 물리학자의 수는 막대하다. 세른에 모여드는 물리학자는 그 국적과 소속 기관에는 관계없이 여기서 새로운 연구팀을 편성하여 생각할 수 있는 모든 문제를 선택해서 가속기에 도전하여 각기 커다란 성과를 올리고 있다. 어느 것이든 소립자란 무엇이냐, 우주의 근본법칙이란 무엇이냐 라는 물음에 대답하기 위해서는 그 어느 하나도 빼놓을 수 없는 연구들이다.

　이와 같은 대규모의 연구 기관은 비단 앞에서 말한 장치만이 아니다. 러시아(구소련)에는 두브노(Dubno)의 원자핵 공동 연구소에서 세르푸코프(Serpukhov)와 노보시비르스크(Novosibirsk)의 연구 도시에서 각각 거대한 가속기가 활동한다. 세른에서는 지금의 배의 규모를 갖는 기계의 건설이 시작되고 있으며, 나아가서는 세계 전체의 연구 기관이 생겨 세계 가속기(世界加速器)가 활약할 날도 멀지 않을 것이다."

A 기자는 혼잣말로 중얼거렸다.

"그러나 이 같은 큰 장치를 가진 연구 기관을 건설하고 운영하게 되면 각국의 정치, 경제 문제와도 미묘하게 관계될 것이다. 더군다나 그보다 앞서 각국의 충분한 이해가 없어서는 안 될 것이라고 생각한다. 이런 곤란 속에서도 계획은 착착 진행되고 있다. 그렇게 생각해 볼 때 아무리 거액을 투입하더라도 우주의 근본을 밝히려는 인류의 커다란 의지 같은 것이 이 거대한 장치 뒤에 숨어 있다는 것을 느끼게 되는군."

"어떤 사람에게는 이것은 확실히 큰 낭비로 보일 것이다. 소립자의 탐구는 인류에게 직접적인 이익을 가져오지는 않는다. 물리학자의 호기심을 만족시킬 뿐인 사치스러운 낭비의 대상일지도 모른다. 소립자를 빛에 가까운 속도로까지 가속하는 데 50억 엔(円)이 소요되며, 더군다나 또 이만한 정도의 돈을 들여서 새로운 종류의 소립자의 존재를 확인한다고 한들, 그것에 의해 인류의 물질적 생활이 얼마만큼이나 윤택해질까? 그런 것을 생각한다면 의문이 생긴다. 우리들조차 그런 것을 때때로 생각할 때가 있다. 그러나 우리가 생존해 있는 것은 결코 빵 때문만은 아니다. 당신이 말하듯이 인류에게는 커다란 의지가 있다. 인간의 정신적인 생활을 풍부하게 하기 위해 그 의지를 수행해 나가는 것이 우리의 소임이라고 생각하기 때문에 이런 일을 할 수 있는 것이다."

A 기자도 그 점은 이해가 되는 일이라고 생각한다.

"우주를 알고 싶다. 그것을 지배하는 근본 법칙이 무엇이냐, 그것을 찾아내기 위해 인류는 이제 상대를 소립자로까지 몰아왔다. 거기서 아무리

인력과 물자와 돈이 들더라도 이 선을 더욱 밀고 나가지 않으면 안 된다는 것이 현재 상황일 것이다."

그도 이 연구소에 자욱이 퍼지고 있는 열띤 분위기에 젖어 든 듯했다.

소립자의 앞길에 있는 것

A 기자는 하이젠베르크가 세른을 한 번 방문하면 어떻겠는가 라는 충고를 상기했다. 그러자 교수의 새 이론이 그 후 어떻게 되었는지 꼭 알아왔으면 하는 생각이 들었다.

"하이젠베르크 교수가 우주 방정식을 발표한 지 10년 이상 지났는데 소립자의 탐구는 이제는 더 깊숙이 들어갈 필요가 없고, 이제부터는 옆으로 퍼져갈 뿐이라고 교수는 말했죠. 그러나 현재도 아직 이와 같은 큰 장치를 계속해서 만들어 나가지 않으면 안 된다는 것은 소립자의 탐구가 깊이로 향하기 때문일까요, 아니면 옆으로 퍼지고 있기 때문일까요? 즉 교수의 생각이 옳은 것일까요, 틀린 것일까요, 어느 쪽일까요?"

A 기자는 억누르고 있던 핵심적인 질문을 터뜨렸다. Z 박사는 잠깐 잠자코 생각에 잠겨 있었다.

"사실인즉 그의 주장이 옳은지 틀렸는지는, 유감이지만 아직은 대답이 나올 수 없다. 그러나 10년간의 성과로부터 여러 가지 문제점을 들 수는 있지. 하이젠베르크의 예상대로 현재도 소립자의 부분이나 파편은 발견되지 않았다. 아주 높은 에너지에서 소립자의 충돌이 그 후에 실험되기는 했으나 그 충돌에 의해서도 소립자는 고작 다른 종류의 소립자가 되었을 뿐이었다. 그러나 그 대신 이들 실험에서 극단으로 짧은 시간만 존재하는 공명상태(共鳴狀態)의 입자라 불리는 것이 많이 발견되었다. 이들 입자까지 헤아린다면 소립자는 원소의 수보다 많아진다. 이 다양성을 설명하기 위해서라도 더더욱 소립자의 배후에 무언가를, 이를테면 근원물질과 같은 것을 생각하지 않을 수 없게 되었다.

거기에다 소립자의 종류가 불어나서 혼란이 일어날 것이라고 생각했던 처음의 예상은 전혀 쓸데없는 두려움에 지나지 않았으며, 따로따로 존재하리라고 생각되었던 여러 가지 소립자가 사실은 눈에 보이지 않는 끈으로 연결되어 있다는 것이 분명해졌다. 이 끈을 이해하는 길은 여러 가지가 있으나 한 가지 유력한 견해로서 소립자가 더욱 기본적인 기본 입자로부터 이루어져 있다는 사고 방법이 있다. 이것은 일본의 사카타(1911~1970)가 주장한 것인데, 그 후 많은 사람이 받아들이게 되었다. 그들 입자를 미국의 겔만(Murray Gell-Mann, 1929~2019)은 쿼크(Quark)라 명명했다. 언젠가는 소립자가 쿼크 입자로 분해되는 사실이 발견되리라고 생각하는 물리학자도 많다. 그런데 쿼크 입자는 비교적 무거운 질량을 가진 듯하다. 그러므로 그것이 발견된다면 그것은 에너지가 아주 높은 현상에서의 일일 것이다. 그 기대에 대답하기 위해서는 현재의 대가속기로서도 아직은 충분한 에너지라고는 말할 수가 없다."

"거대 장치의 목적 중 하나는 새로운 소립자를 발견하고 가능하면 소립자보다 기본적인 입자를 발견하는 일일 것입니다. 세른의 PS나 브룩헤이븐의 AGS도 새로운 형의 입자, 즉 공명상태의 입자를 발견한 것 같은데, 그 결과로부터 기본적인 입자의 존재가 예상되고, 그것을 발견할 목적으로 다시 더 큰 장치가 필요하게 된다면 이 시소게임은 무한정 계속되지 않을까요?"

"아마 그럴지도 모르고, 또 그렇지 않을지도 모른다. 그렇지 않을 가능성도 있다고 말하는 것은 소립자 간의 보이지 않는 끈을 이해하는 길은 쿼크 입자를 생각하지 않더라도 여러 가지 방법이 있기 때문이다. 하이젠베르크는 근원물질이 소립자로서 나타날 경우에 그 역학적(力學的) 효과로서 쿼크 입자와 같은 결론이 나오므로, 따로 쿼크 입자가 없어도 된다고 주장한다. 또 유카와나 드 브로이(Louis Victor de Broglie, 1892~1987) 등은 소립자의 시간, 공간적인 구조의 결과로서 같은 효과가 이해될 수 있다고 생각한다. 이 주장에서도 쿼크 입자는 불필요하게 된다. 어느 것이든 간에 현재로는 어느 생각이 옳은지, 또 하나의 결정적인 증거가 부족한 것 같다.

그러나 어느 길을 택하건 우리가 우주를 근본적으로 지배하는 법칙의 상대로서 근원물질을 추적하는 것에는 변함이 없다."

Z 박사와 헤어진 A 기자는 세른에서 제네바 시내로 차를 몰았다. 길에는 트럭, 탱크로리, 크레인 차들이 줄을 잇고 있다. 세른에서 현존하는 것의 배의 규모를 갖는 가속기, 60배의 에너지를 갖는 입자를 만들어 낼 장치의 건설이 완성 단계에 있었다(현재는 완성됨 : 역자 주). 그리고 이제는 10배나 더 규모를 크게 한 전 유럽 가속기의 계획을 구체화하고 있다.

"인간은 탐욕은 어디까지일까?"

A 기자는 짐짓 두렵기만 한 일이라고 생각한다. 그러나 그것은 지금에 와서 시작된 일이 아니다. 인간이 생존하는 한 그 욕망은 계속되어 왔으며 앞으로도 그럴 것이다. 그러므로 자연의 근원을 알고 싶다는 욕망에 사로잡힌 사람들은 앞으로도 더 새로운 답을 추구하며 헤매고 다닐 것이다.

우주의 근본 법칙은? 근원물질이란……?

P. A. M. 디랙. 소립자의 생성, 소멸 개념은
이 변화무쌍한 천재로부터 시작되었다.

제2장
물질의 생성과 소멸

물질의 극한에 있는 소립자.

그것은 순식간에 생성, 소멸한다.

전적으로 기묘한 이유로 뒷받침되어 있는데,

그 사실로부터 소립자론이 전개된다.

보지 못했던 사진

로스앤젤레스와 가까운 패서디나(Pasadena)에서는 설날을 장식하는 장미축제도 무사히 끝나고 1932년이 시작되고 있었다. 시 전체가 들뜬 밝은 분위기 속에서 어떤 한 청년만이 딴 세계를 방황했다.

청년 앤더슨(Carl David Anderson, 1905~1991)은 어느 날 실험 중에 찍은 사진 가운데서 낯선 사진 한 장이 섞여 있는 것을 발견했다. 그리고 그날부터 그의 머릿속에는 그 사진에 대한 일로 가득 차 있었다.

축제고 무엇이고 다 집어던져 버릴 만큼 청년을 매혹시킨 그 사진이란 과연 무엇이었을까? 만약 남의 일에 참견하기 좋아하는 사람이 있어, 그를 졸라 그 사진을 보았더라면 아연실색하여 어김없이 앤더슨을 괴짜라고 불렀을 것이다. 정말로 그것은 시시한, 어디가 다른 사진과 다른 것인지, 별

난지조차도 알 수 없는 것이었다. 사진이라고는 하지만 아름다운 풍경도, 인물도 아니고, 물론 누드도 아닌 다만 검은 배경에 여기저기 얼룩 같은 반점이 있고, 그 반점 사이에 가느다란 원호(圓弧)를 그린 흰 점이 늘어서 있는 것이었다. 이런 것으로 청춘의 즐거움을 희생할 이유가 있을까?

그러나 물리학자, 특히 미시세계의 탐험자에게 있어서는 그 흰 점의 원호야말로 소립자를 엿보는 유일한 실마리였다. 앤더슨은 캘리포니아 대학을 마치고 전자(電子)의 하전(荷電)을 결정한 밀리컨(Robert Andrews Millikan, 1868~1953) 교수 아래서 연구 생활을 시작했다. 그것이 야릇한 사진에 열중하게 되는 그의 생애를 결정했던 것이다.

그는 우주에서 오는 방사선, 즉 우주선(宇宙線, Cosmic Ray)의 해명에 착수했다. 광대한 우주 어딘가로부터 전기를 띤 입자가 온다. 그것들은 지구의 대기권으로 들어오면 급속히 그 수가 증가하여 지상으로 쏟아진다. 20년 전쯤에 오스트리아의 헤스(Victor Franz Hess, 1883~1964)가 이 사실을 알아챘다. 헤스는 처음 그것이 지표에서 방출되는 방사선인가 하고 생각했었다. 그런데 그 강도가 지표에서 멀어짐에 따라 감소하기는커녕 도리어 증가하는 것이 아닌가. 따라서 지구 외부로부터 들어오는 것이라고 결론을 내리지 않을 수 없었다. 우주선의 정체는 무엇인가? 그것은 어디서 오는 것일까? 태양으로부터 일까? 은하계로부터 일까? 아니면 더 먼 우주로부터 일까? 이 불가사의한 현상이 호기심 많은 젊은 물리학자의 흥미를 끌지 않을 수가 없었다.

앤더슨이 우주선의 연구에 착수했을 무렵, 그 정체는 아마 전자일 것이라는 정설(定說)이 유력했다. 전자라고 한다면 그 성질이 여러 가지로 알려져 있으므로 상대하기가 쉽다. 그는 그렇게 생각하고 실험을 시작해 기묘한 사진에 부딪혔던 것이다. 많은 사진이 확실히 전자의 모습을 잡고 있었는데 이 한 장만은 달랐다.

발견은 우연한 일이었으나 생각지도 않게 얻은 것은 아니었다. 그가 사용한 무기는 안개상자(Cloud Chamber)라고 불리는 것이었다. 수증기가 가득 채워진 기체 속으로 전기를 띤 하전입자가 통과하면 그 통로에 있던 기체가 전기를 상실하여 이온이 된다. 이 이온에 의해 수증기가 응고해서 물방울을 맺는 것을 이용해서 입자가 통과하는 길을 볼 수 있게 한 장치가 안개상자다. 안개상자를 사용하면 우주선 속의 하전입자 하나하나를 볼 수가 있다. 안개상자는 전 세계의 물리학자가 사용하는 평범한 것이지만, 앤더슨은 그것에다 한 가지 아이디어를 덧붙였다. 즉 그 안개상자 전체를 자석 속에 수용한 것이다.

전자는 몸에 전기를 가지고 있으므로 자기장(磁氣場) 속에 들어가면 일정한 방향으로 선회하기 시작한다. 만약 이 책과 표면이 자석의 남극이고, 뒷면이 북극이라고 한다면 위쪽에서부터 들어온 전자는 이 책의 표면에서 좌선회한다. 우주선이 전자이면 자석 안의 안개상자에 생기는 물방울 자국은 좌선회의 원호를 그릴 것이고, 그 원의 반지름의 크고 작음에 따라 우주선의 입자가 갖는 에너지를 얻게 될 것이다. 그러나 지름이 20㎝쯤이나 되는 안개상자 전체를 감쌀 수 있는 거대한 자석을 만든다는 것은 당시로서는 무척 큰일이었다. 그러나 그는 어쨌건 그 일을 잘 해냈다.

앤더슨의 기묘한 사진(양전자 제1호)
중앙에 보이는 납의 판을 투과한 후, 양전자는 크게 휘어져 있다

자석 속에 놓인 안개상자가 활동을 시작하면 물방울의 행렬은 크고 작은, 여러 가지 원호를 그린다. 안개상자가 작동하는 시간은 짧기 때문에 이것에 맞추어서 순간적으로 카메라의 셔터를 끊는다. 그는 여러 장의 아름다운 사진을 찍었다. 그것 또한 그의 자랑이었다. 그러나 우주선을 잡은 어느 사진에서도 물방울의 원호가 그려지는 방법은 같았으며, 난데없이 우선회의 상(像)이 나타나리라고는 생각조차 못한 일이었다.

"도대체 이 우선회는 무엇이 지나간 자국일까? 원호가 반대이니까 전자와는 역으로 양전하(陽電荷)를 갖는 입자일지도 모른다. 그렇다면 양성자(陽性子)나 양이온의 자국일까?"

그러나 그렇다 하더라도 물방울의 크기라든가 구부러진 상태로 보아 전자와 흡사한 것처럼 생각된다. 어쩌면 우주선은 안개상자 위로부터 아래로 뚫고 나간 것이 아니라, 반대로 아래서부터 위로 통과했을지도 모른다. 확실히 그 확률은 적다. 마치 이 사진이 찍히는 확률과 같은 정도일 것이다. 그렇다면 당연한 현상인데… 그는 그쯤에서 수수께끼를 정리하려 했으나 어딘가 석연치 않았다.

그 무렵, 도쿄의 R연구소의 스텝들도 같은 비적(飛跡)을 보았다. 여기서도 동일한 점에서 나오는 두 개의 비적이 서로 반대 방향으로 원호를 그리고 있었다고 한다. 그런데 그것을 본연구원이 혼자 중얼거렸다.

"전자란 놈은 잘도 뛰는군. 도중에 점프를 한단 말이야."

아깝게도 그는 기회를 놓치고 말았다. 앤더슨은 그보다 앞서갔다. 우주선 속에서 기묘한 원호를 그리는 입자가 안개상자 위로부터 들어왔는지, 아니면 아래서부터 왔는지를 식별하려 했다. 전자는 얇은 납 판자라면 뚫고 나간다. 그러나 납 판자를 통과하는 동안에 에너지의 일부를 소모하기 때문에 판자 앞뒤에서 에너지에 차가 생긴다. 한편 자석 속에서의 입자가 선회하는 방법은 에너지가 큰 입자일수록 큰 원을 그린다. 따라서 납 판자를 통과하기 전후에 선회하는 방법에 차이가 생기고, 입자가 어느 쪽에서 들어왔는지를 원호의 크기로부터 알아낼 수 있을 것이다. 이리하여 안개상자 중앙에는 납 판자로 칸막이가 만들어졌다. 그리고 그는 다시 반대로 선회하는 사진을 얻었다. 그것은 확실히 전자와 반대인 양전기를 가지며, 전자와 같은 정도의 질량을 갖는 새로운 입자여야 했다. 누가 봐도 틀림없는 새로운 현상이다.

이리하여 앤더슨은 '양전자(陽電子)'를 발견하고 스스로 그 명명자가 되었다. 자연계의 모든 것은 양성자와 전자와 광자(光子)로 이루어져 있다는 여태까지의 학설을 깨뜨린 이 뉴스는 전 세계에 큰 반향을 일으켰다. 그런데 양전자 발견의 의의는 그것에만 그치지 않는다. 아무도 본 적이 없는 '반세계(反世界)'에 첫 관문이 열리고 있었다.

천재 디랙

양전자가 발견됐다는 뉴스는 세계의 물리학자들을 흥분하게 했다. 발견자 앤더슨은 전혀 몰랐던 일이지만 이 보도를 듣고 가장 기뻐한 사람은 케임브리지대학의 디랙(Paul Adrien Maurice Dirac, 1902~1984)이었다. 그의 기발한 이론이 이것으로 빛을 보게 되었기 때문이다.

1930년, 디랙은 상식으로는 생각조차 할 수 없는 기묘한 학설을 제창했다. 이 자연계에는 전자와 양성자의 두 기본 단위가 있으며, 원자는 이두 종류의 입자로부터 되어 있다. 왜 전기에는 음양 두 개의 소립자가 있는 것일까? 디랙은 전자와 양성자는 한 개의 소립자의 본체와 이체(異體)라고 했다. 즉 양성자는 전자의 빈껍데기와 같은 것이라고 말했다.

그의 주장을 들은 사람들은 처음에는 깜짝 놀랐다가 나중에는 크게 웃어댔다. 양성자가 전자의 빈껍데기라면 다시 한번 전자가 그 빈껍데기를 뒤집어쓰게 되면 전기량이 상쇄되어 보이지 않게 될 것이다. 그런 일이 일어나는 날에는 전자와 양성자로 구성되는 원자도 순식간에 없어질 것이 아닌가? 재빠르게도 독설가인 파울리가 "디랙 이론에 관한 파울리 효과"를 제창했다.

"디랙의 새 이론은 아무도 이해할 수 없다는 것이 나의 결론이다. 그 이유는 가령 그가 자기의 생각을 진술했다고 생각해 보라. 누군가가 그의 주장을 듣기 전에 원자가 먼저 그것을 알아채고는 금세 없어져 버린다. 그렇게 되면 원자로 구성되어 있는 디랙 또한 소멸되어 버리기 때문에 아무도 그의 주장을 듣지 못하게 될 것이 아닌가?"

물론 이것은 농담이지만 그만큼 악평이 심했던 것이다. 오로지 우주선 연구에만 몰두하던 앤더슨에게까지 이러한 디랙의 주장이 들려올 턱이 없었다.

그런데 디랙의 설은 99% 올바른 추론을 하고 있었다. 그 나머지 1%… 전자가 빠져나간 빈껍데기를 양성자라고 해석한 데서, 자칫 모든 것을 물거품으로 돌아가게 할 뻔했다. 전자의 빈껍데기를 양성자가 아닌 앤더슨이 발견한 양전자라고 생각하면 그의 주장은 잘 들어맞게 된다. 그가 누구보다도 기뻐한 것은 당연한 일이었다.

양전자를 전자의 빈껍데기라고 한다면 전자와 양전자가 합쳐져서 없어진다고 할지라도 원자가 없어지는 것은 아니다. 그 경우 두 개의 소립자가 갖고 있던 에너지는 감마선이 되어 방출될 것이다. 또 반대의 경과를 취한다면 감마선은 이 세계에 전자와 양전자의 한 쌍을 만들어 낼 것이다. 앤더슨이 발견한 양전자는 우주선 속에 있는 감마선이 공중에서 전자와 함께 생성된 것이라고 볼 수 있다.

양전자의 발견으로 인해 우주선의 연구는 더욱 크게 전진했다. 우주를 여행하고 올 입자는 아마도 양성자나 원자핵일 것이다. 그것들은 대기층에 도달하면 감마선을 방출하고 그 감마선은 전자와 양전자의 쌍을 연달아 만들어 나간다……. 이리하여 우주선의 비밀의 한쪽 끝이 풀리기 시작한 것이다.

양자론과 상대성이론과의 결혼

디랙은 왜 전자의 빈껍데기라는 기발한 주장을 생각했을까? 이야기를 양전자가 발견되기 5년 전으로 되돌리자.

그에게는 여러 가지 기발한 이야기가 있다. 어느 날 친구가 그의 집을 방문했다. 디랙은 마침 부인과 함께 거실에 있었다. 친구는 이야기를 나누면서도, 초면인 그의 부인을 언제쯤 소개해줄까 하고 조마조마하게 기다렸다. 한참 후에야 그것을 알아챈 디랙이 이렇게 말했다.

"실례했군요. 이 사람은 위그너 교수의 누이동생입니다."

위그너(Eugene Paul Wigner, 1902~1995)는 양자역학의 수학적 방법을 개척하여 1963년 노벨 물리학상을 받은 물리학자이다. 디랙은 끝내 그녀가 자기의 부인이라는 것을 잊고 친구에게 소개한 것이다. 그녀가 나중에 남편에게 화를 낸 것은 뻔한 일이다. 그러나 그렇게 자신의 결혼에 대해서는 무관심했던 디랙도 양자역학과 상대성이론을 결혼시키는 일에는 적극적이었다.

20세기는 상대성이론과 양자역학이라는 두 개의 큰 이론을 낳았다. 어느 것이나 다 훌륭한 체계였는데 디랙은 그것들을 결혼시킨다면 더 훌륭한 자식이 생길 것이라고 믿고 있었다.

　　실제로 그것은 필요한 일이었다. 원자 속의 전자는 양자역학이 아니고서는 이해할 수가 없다. 한편 그 전자는 거의 광속도에 가까운 속도로 운동하고 있으므로 당연히 상대성이론이 적용되어야 할 상대다. 따라서 정확한 답을 얻으려면 양자역학만으로는 불충분하다. 이를테면 수소원자가 방출하는 선스펙트럼—이 규칙성은 양자역학 탄생의 동기를 주었던 것이지만—, 즉 규칙적으로 배열된 선도 더 자세히 살펴보면, 그 선 하나하나가 근소한 거리를 둔 여러 개의 선이 집합한 것이다. 양자역학에서는 이와 같은 미세한 것에 대해서는 문제로 삼지 않았고 또 설명하려 해도 불가능하다. 그러나 그것이 보이는 이상 그 이유가 밝혀져야만 한다. 조머펠트(Arnold Sommerfeld, 1868~1951)는 한 가지 아이디어를 도입했다. 전자는 매우 빠르게 운동했다. 상대성이론에 따르면 그 경우, 전자의 겉보기의 질량이 그때그때의 속도에 따라 증감하는 결과, 그 움직임이 양자론만으로는 생각한 것처럼 간단하지가 않다. 그 효과를 고려한다면 미세한 선의 존재도 설명할 수 있다. 아무튼 양자역학의 해답에 한 걸음 다가서기 위해서도 상대성이론과 결부시킬 필요가 있다.

　　그러나 일은 그렇게 쉽지가 않다.

　　양자역학에는 확률파(確率波)라는 귀찮은 것이 등장한다. 하나하나의 전자의 운동이 보통 물체처럼 정확하게 규정되지 않기 때문이다. 전자의 위치를 엄격하게 규정하면 그 속도가 얼마 정도의 값인지 전혀 예상할 수가 없다. 반대로 속도를 규정해 놓으면 이번에는 그것이 어디에 있는지를 정확히 말할 수 있다. 이러한 사정을 나타내기 위해 '확률파'라는 도구가 사용된다. 마이크로의 입자에 관해서 어느 정도의 확률로서 그것을 말할 수 있느냐가 파동을 표시하는 형식의 수식으로 주어져 있으므로 확률파라고 불린다. 가령 어떤 에너지의 값을 취하는 전자의 확률파가 그 전자의 존재 위치로서 A의 장소에 70%, B의 장소에 30%라는 것을 나타내고 있다면 우선 그것은 A의 장소를 탐색하는 지침이 된다. 이것은 어디까지나 확률의 이야기이므로 A의 장소에 전자의 70%가 반드시 존재한다는 것은 아니며, 때에 따라서는 전혀 발견되지 않는 경우도 있다. 그래서는 의미가 없는 것이라고 생각할 수도 있지만 우리는 언제나 한 개의 전자만 상대하는 것이 아니라, 막대한 수의 전자를 다뤄야 할 운명에 처해 있다. 우리는 마이크로의 세계에 속하고 마이크로의 세계 사람들은 다수가 모여서야 비로소 우리와 교섭할 수가 있기 때문이다. 그 결과 확률의 사고(思考)가 현실미를 갖게 된다. 한 개의 특별한 전자가 우연히 A의 장소에 있지 않더라도 막대한 수의 전자 속에는 반드시 A의 장소에 있는 것이 있다. 확률이 70%라는 것은 전체 전자의 7할이 A 장소에 있다는 것을 의미한다. 그러므로 양자역학은 확률파를 도구로 해서 충분히 그 실력을 발휘할 수 있는 것이다.

그런데 이 확률파의 개념이 완강하게 상대성이론과의 결혼을 거부했다. 안이하게 상대성이론의 형식을 사용하려고 덤벼들었던 디랙은 결국 확률파라는 사고가 깨진다는 된다는 것을 알아챘다. 그는 벼랑 앞에 서 있다는 것을 알았다.

양자역학과 상대성이론은 물과 기름처럼 서로 화해할 수 없는 것일까? 아니다. 그럴 리가 없다. 무엇인가 특별한 아이디어가 결여되어 있는 것 같다.

네 개의 확률파

악전고투 끝에 디랙은 마침내 훌륭한 방법을 생각해 냈다. 확률파에 관한 양자역학의 기본 방정식―슈뢰딩거(Erwin Schrodinger, 1887~1961) 방정식-을, 행렬(行列)이라 부르는 양을 계수(係數)로 한 방정식으로 고쳐 썼던 것이다. 수학상 취급이 다소 어렵지만 행렬이라는 양을 도입한 덕분에 상대성이론과는 잘 화해할 수 있게 되었다. 이것은 전자의 상대론적 방정식 또는 디랙 방정식이라고 불리게 되었다.

확실히 이 방정식은 양자역학으로 보거나 상대성이론으로 생각해봐도 만족할 만한 해답인 것 같다. 두 개의 큰 이론에 대해 이것은 바야흐로 결혼 행진곡이라고 생각되었었는데….

디랙 방정식이 행렬량(行列量)을 사용하여 하나의 식으로 표현되는 것은, 사실은 이것이 네 개의 연립 방정식과 같은 내용을 가지기 때문이다. 그 네 개의 방정식이 어느 것이든 확률파를 결정하는 것이라고 한다면, 방정식의 수만큼 서로 틀린 확률파, 즉 네 종류의 파동이 결정된다는 것이 된다. 슈뢰딩거 방정식에서는 어쨌든 하나의 확률파를 상대로 하면 되지만, 디랙 방정식에서는 어느 파동을 취해야 할지 무척 곤란한 이야기가 된다.

이렇게 네 종류나 되는 확률파가 있을까? 이런 의문이 디랙 방정식의 성공에 제동을 걸었다.

네 개의 확률파 중에서, 두 개의 한 조(組)에는 그럴듯한 좋은 이유가 있다. 나트륨램프의 황색 빛을 분광기(分光器)로 조사하면 황색 부분에 해당하는 강한 선이 관측된다. 그것을 자세히 살펴보면 두 개의 선으로 되어 있다. 1925년에 울렌벡(George Eugene Uhlenbeck, 1900~1988)과 구드스미트(Samuel Abraham Goudsmit, 1902~1978)는 이를 설명하기 위해 전자에 스핀이라 불리는 자전능력(自轉能力)을 가정했다. 전자에는 우선회와 좌선회의 두 가지 회전이 허용되고 있다. 그러므로 전자의 확률을 문제로 하는 경우 우로 돌고 있는 전자와 좌로 돌고 있는 전자는 서로 별개로 생각하지 않으면 안 된다. 디랙 이론의 확률파 중 두 개를 세트로 갈라놓은 것은 바로 이런 사정을 교묘하게 도입한 것이었다. 그런 점에서는 몇 종류나 되는 확률파가 있다는 것은 장점이기도 하므로 일률적으로 결함이라고는 말할 수 없는 것이다.

그렇다면 나머지 두 개의 한 조는 무엇일까? 방정식을 풀면 에너지에 대해 양과 음의 해(解)가 나온다. 아마 나머지 한 조는 에너지가 음인 풀이에 대응할 것이다. 결국 네 개의 확률파는 양에너지 준위(準位)를 갖는 우선회와 좌선회의 전자를 나타내는 두 개와 음에너지 준위를 갖는 나머지

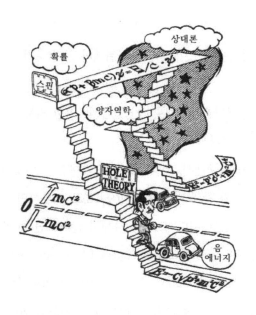

길고 긴 산책길—도착지는 노새 전자

우선회와 좌선회의 전자를 나타내는 두 개로 보이는데, 알 수 없는 것은
음의 에너지라는 것이다.

상대성이론에 따르면 전자는 가령 정지해 있어도 그 질량은 광속의 제
곱을 곱한 만큼의 에너지를 가지고 있다. 그러므로 전자의 에너지는 확실
히 양의 값을 취하지 않으면 안 된다. 음의 에너지를 갖는 전자란 그야말
로 난센스인 것이다.

그러나 일이란 만사가 그렇게 쉽게 이루어지지 않는다. 확실히 디랙은

순조롭게 이론에 도달한 것처럼 보였으나 실은 그렇지 않았다. 그렇게 2년의 세월이 흘렀다.

디랙에게는 이런 이야기도 있다. 스톡홀름에 머물 때 그는 어느 날 웁살라(Uppsala)에서의 강연을 부탁받았다. 친구는 기차를 이용하라고 권했지만 디랙은 지도를 펼쳐 놓고 자를 가지고 이리저리 한참 동안 궁리를 했다.

"이쯤이라면 내가 아침밥을 먹고 저녁식사 때까지는 돌아오는 산책 거리와 같군."

친구가 어안이 벙벙해 있는 사이에 그는 점심 도시락 한 개를 싸 들고 출발해 버렸다. 웁살라에서는 사람들이 그의 도착을 눈이 빠지게 기다리고 있었으나 마라톤의 대가는 나타나지 않았다. 끝내 이튿날 아침이 되었다. 만 하루를 꼬박 걸어서 나타난 그는 태연히 말하더라는 것이다.

"바보 같은 사람도 다 있군. 왜 길을 일직선으로 만들지 않았을까?"

디랙은 물리학에서도 직선 코스를 달려가고 싶었을 것이다. 그러나 음에너지를 가진 전자라는 문제는 그에게 꼬부랑길을 강요했던 것이다.

음에너지를 갖는 전자란 아무리 생각해도 기묘하다.

정상적인 전자는 움직이는 방향으로 힘이 가해지면 가속되는데 이것은 에너지가 증가하기 때문이다. 그런데 음의 에너지를 갖는 전자에 대해 우리가 양의 에너지를 가해 준다는 것은 음의 값의 절댓값을 감소시키는 것이 된다. 즉 움직이는 방향으로 힘이 가해지면 이 전자는 감속된다.

다음에 양의 전기를 가진 원자핵이나 이온을 보통의 전자 근처에 두었다고 하자. 전자는 음의 전기를 가지고 있으므로 쿨롱의 법칙에 의해 양전기에 흡인되어 그 주위를 운동하게 될 것이다. 그런데 비정상적인 전자는 인력을 받으면 역방향으로 가속되는 것이 되므로 결과적으로 반발력을 받고 있는 것처럼 움직이게 된다.

음에너지를 갖는 비정상적인 전자는 이와 같이 매사에 고집스러운 행동을 취하기 때문에 노새 같은 전자라고 불리게 되었다(노새는 본래 유순한 동물이지만 불만이 있을 때는 꾀를 부리며 고집이 세다).

디랙의 방정식이 옳다면 노새 전자는 확실히 존재할 뿐만 아니라 전자는 에너지가 낮은 편이 안정되므로 정상적인 전자가 자꾸 노새 전자로 바뀌어 버리게 될 것이다. 그러나 실제로는 양에너지를 가진 전자는 언제나 안정되어 있고 또 음의 에너지를 갖는 전자가 발견되었다는 보고는 한 건도 없다.

거품의 판타지

1930년, 디랙은 기상천외한 생각을 발표했다. 전자의 방정식을 유도한 후부터 2년째 되는 해였다.

논문을 읽은 많은 사람은 괴짜인 그가 또 농담을 하기 시작한 것이 아닐까 생각했을 정도였다.

"양의 에너지를 갖는 정상적인 전자가 자꾸만 노새가 되지 않아도 될 방법에는 한 가지가 있다"라고 그는 정색하며 말했다.

"그것은 음의 에너지를 가진 노새 전자의 자리가 처음부터 전부 막혀 있을 경우다. 다시 말해서 이 세상이 노새 전자로 완전히 뒤덮여 있다고 가정하면 된다."

"전자는 같은 자리에 한 개밖에 들어가지 못한다"라고 파울리가 제창한 배타원리(排他原理)가 있다. 이 원리는 원자 내의 전자 배치를 설명한다. 원자는 원자핵 주위에 양파 껍질과 같이 전자의 껍질(殼)을 가졌고 껍질에는 에너지가 낮은 것에서부터 차례로 K각(殼), L각, M각 등으로 이름이 붙어 있다. 각각의 껍질에는 정원이 한정되어 있어서 에너지가 높은 껍질에 있는 전자는 낮은 껍질의 정원이 가득 차 있는 한 결코 그 속에는 들어가지 못한다.

"그것과 같은 현상이 지금의 경우에도 일어나고 있는 것이 아닐까? 양에너지의 전자가 음에너지의 전자가 되려 해도 이미 공간은 음에너지의 전자로 꽉 채워져 있다. 따라서 그 이상 음에너지의 전자는 증가할 수가 없고 전자는 안정된다."

그러나 원자의 경우에는 전자는 고작해야 셀 수 있는 개수이고 더욱이 어떤 미소한 공간에 한정되는 이야기다.

"우리의 경우 공간 전체에 그러한 가정을 해야 하므로 거의 무한개의 전자를 상대로 하는 것이 된다. 무한개의 전자는 무한대의 음의 질량과 무한대의 음의 전기량을 준다. 그것은 어찌 된 일일까?"

"그러나 공간 전체에 걸쳐서 균일하게 분포된 질량과 전기량은, 설사 있다고 하더라도 측정할 수는 없다. 따라서 공간 전체에 노새 전자가 있다고 생각해도 무방하지 않은가?"

마침내 그는 해답에 도달한 것 같다.

"질량이나 전기량은 사실은 상대적인 것이다. 이를테면 우리가 물속에서 살고 있다고 하자. 물속에 떨어진 돌멩이는 확실히 아래쪽을 향해 떨어지므로 돌멩이는 질량에 비례하는 중력을 아래쪽으로 받고 있다고 판단된다. 이것은 당연하다. 그런데 돌멩이에 붙어 있던 공기는 기포가 되어 상승한다. 기포의 운동은 마치 거품이 질량을 가지고 그것에 비례하는 중력을 상향(上向)으로 받고 있는 것처럼 보인다. 중력은 하향으로 작용하는 데도 거품은 위쪽으로 올라간다. 그러나 실제로 질량을 가지고 있는 것은 주위의 물일 텐데 물속에 살고 있는 우리는 물의 질량을 측정할 수가 없다. 이것과 비슷한 일이 전자의 경우에도 일어나고 있는 것이 아닐까? 음에너지를 가진 전자, 즉 노새 전자는 공간 전체에 꽉 차 있으므로 그 속에 살고 있는 우리는 그것들의 질량이나 전기량을 측정할 수가 없다. 노새 전자는 움직일 수가 없으므로 정체를 드러내지 않는다. 그러나 정상 전자는 노새 전자와는 에너지값이 다르므로 파울리의 배타원리에 어긋나지 않게 멋대로 노새 전자가 가득 찬 공간을 뛰어다니면서 꼬리도 머리도 내밀고 있는 셈이다."

그는 이런 생각을 더욱 진전시켜 나갔다.

"노새 전자로 가득 찬 바다에 물속의 거품과 같이 한 개의 빈자리가 생긴다면 어떻게 될까? 이 구멍은 물속 공기의 거품과 같이 우리 눈에 보일 것이다. 노새 전자는 양의 에너지가 가해지면 음에너지의 절댓값이 감

깡통은 아래로, 거품은 위로 – 노새 전자 한 개가 감마선을 흡수하여 양에너지 상태가 되어 올라가면, 그 자리에 구멍(양전자)이 생기고 전자쌍생성이 일어난다. 그 반대가 쌍소멸

소되어 감속하지만, 노새 전자의 바다는 원래 여유가 없어서 움직일 수가 없다. 그러나 어쩌다가 빈자리가 있으면 그보다 절댓값이 큰 노새 전자가 거기를 노려서 쇄도하고 그중의 한 개가 그 자리를 차지하게 되면 새로 생긴 빈자리를 다음에 온 것이 차지하는 식으로 일부의 노새 전자가 음에너지의 절댓값이 작은 쪽으로 이동해 간다. 그 결과 구멍은 거꾸로 음에너지의 절댓값이 큰 쪽으로 이동하고 정상 전자와 마찬가지로 가속된다. 또 원자핵이나 양이온 근처에서 노새 전자는 반발하기 때문에 그 속에 있는 구멍도 반발할 것이다. 구멍은 마치 양의 질량(노새 전자는 음의 질량)을

가지며 양의 전기량을 갖는 입자로 보이지 않는가. 그리고 노새 전자 그 자체는 측정할 수 없더라도 그 속에 비어 있는 구멍은 관측할 수 있을 것이다."

디랙은 자기의 착상에 매우 자신이 있었다. 이것으로 우주의 물질에 대한 이론이 성립되었다고 생각했다. 우주는 기본적으로는 양성자와 전자로 구성되어 있다고 믿었던 시대였다. 양전기량을 가지고 있는 듯이 보이는 구멍이야말로 어김없는 양성자일 것이라고 그가 속단한들 무리가 아니었다. 양성자는 전자의 1,840배의 질량을 가지고 있는데 이것도 머지않아 설명할 수 있을 것이다.

반(反)입자

디랙의 구멍 이론은 착상의 기발함과 마지막에 구멍을 양성자라고 오인한 사소한 잘못 때문에 맹렬한 반대를 받았다. 그 연유는 노새 전자의 바다에 있는 빈 구멍은 정상 전자와 충돌하게 되면 순식간에 메꾸어져서 정상 전자는 감마선이라는 형태로서 에너지를 버리기 때문이다. 만약에 구멍이 원자핵을 만들고 있는 양성자라고 한다면 양성자와 전자는 만나는 순간에 없어지고 감마선이 되어 버릴 것이니 원자도, 또 그것으로부터 생성되는 이 세상의 모든 물질도 순식간에 소멸되고 말 것이다. 이런 당치도 않은 일은 있을 수 없다. 독설가로 이름난 파울리는 이런 식으로 야유했다.

통상적으로 새로운 이론은 환영받지 못한다. 99%의 정당성도 나머지 1%의 잘못이 그 이론을 받아들이는 데 장애가 된다. 그 장애를 제거해 주는 것은 자연스럽게 받아지는 일이다. 디랙의 경우 그 행운은, 그로부터 2년 후인 앤더슨의 양전자의 발견으로 인해 가까워졌다.

방정식을 보는 것에 있어서 전자에 주어진 네 개의 확률파는 전적으로 대등하게 다루어진다. 이것으로 인해 중대한 사실이 떠오른다. 그것은 우선회의 스핀을 갖는 전자와 좌선회 스핀을 갖는 전자가 동등하게 존재하듯이 전자와 양전자가 동등하게 존재할 수 있다는 것을 의미하기 때문이다.

전자와 양전자는 서로 반대 역할을 하고 서로 상쇄하여 감마선이 되든가 아니면 감마선으로부터 쌍을 이루어 생성한다. 따라서 전자를 입자라고 부른다면 양전자는 그것의 반입자(反粒子)라고 할 수 있다. 디랙의 방정식으로부터는 입자와 반입자가 동등하게 존재할 수 있다고 결론지을 수 있는 셈이다. 어느 쪽이 반대인가는 사실 편법이다. 우리는 압도적으로 많은 수의 전자가 있는 세계에 살고 있다. 거기에서는 소수파인 양전자가 반대당(反對黨)이라는 것에 지나지 않는다.

만약에 반입자가 있다는 것이 전자에 대한 이야기만이 아니라고 한다면 어떻게 될까? 양성자에도 그 반입자가 있을지도 모른다. 전자와 양성자로부터 만들어지는 세계와 양전자와 반양성자로부터 만들어지는 반세계(反世界)는 동등의 권리를 가지고 존재할 수 있는 것이 아닐까?

다시 20년 정도의 세월이 흘렀다…….

1953년, 반양성자의 존재를 확인하기 위해 두 개의 거대한 양성자 가속기가 건설되었다. 뉴욕 교외의 브룩헤이븐 국립연구소의 23억 전자볼트(eV)의 에너지를 갖는 코스모트론(Cosmotron)과 캘리포니아 대학의 62억 전자볼트의 베바트론(Bevatron)이다.

전자의 반입자인 양전자는 다행히도 자연의 가속기 속에서, 즉 우주선(宇宙線)에서 만들어졌다. 양전자를 생성하는 데는 100만 전자볼트 정도의 감마선이 필요하며 이것은 우주선으로 충분히 얻을 수 있다. 그러나 반양성자를 생성하는 데는 20억 전자볼트의 에너지를 갖는 파이중간자선을 필요로 한다. 우주선 속에도 큰 에너지의 입자가 있지만 그것을 이용할 기회는 적다. 그래서 필요한 에너지를 인공적으로 만드는 가속기의 건설에 거액이 투입되었다.

과연 양성자에도 반입자가 있을까? 우리의 세계와 동등한 권리로 존재를 주장하는 반세계를 확인할 수 있을까? 이 해답을 얻고자 두 개의 가속기 그룹은 맹렬한 경쟁을 시작했다. 그리하여 1955년 10월, 캘리포니아의 세그레(Emilio Gino Segre, 1905~1989)와 그의 협력자 그룹은 측정용 유제(乳劑)를 사용한 사진 건판 속에서 표적으로부터 반양성자가 생성된 것을 가리키는 짙은 비적(飛跡)을 발견했다. 그 후 그들은 중성자의 반입자도 발견했다.

반세계는 이미 공상이 아니라 현실성을 갖게 되었다. 그리고 우주 어딘가에는 반물질(反物質)로 이루어진 세계가 있을지도 모른다. 그러나 세계가 있는 한 반세계가 있어도 이상할 것이 없다. 그것은 전자와 양전자가, 또 양성자와 반양성자가 동시에 생성되고, 동시에 소멸된다는 사실로

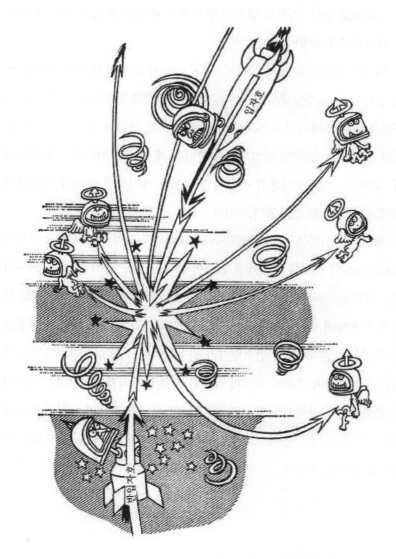

소멸되어 버린 승부 – 뛰어온 반양성자가 양성자에 충돌, 소멸하여 다수의 파이중간자를 방출한다

도 보증되고 있다. 거꾸로 말하면 반세계가 존재할 수 있기 때문에 물질은 생성되거나 소멸된다.

화학반응에는 두 가지 법칙이 있다. 에너지 보존의 법칙과 질량 불변의 법칙이다. 특수상대성이론은 질량과 에너지의 동등성을 발견하고 이것들을 하나의 에너지 보존 법칙으로 통일했다. 물질의 기본 요소로서 등장한 소립자는, 입자와 반입자의 조합에 의해 에너지만이 마지막에 의미를 갖는다는 상대성이론의 결론에 정당성을 제시하여 우리를 반입자의 세계, 즉 반세계로 인도했던 것이다.

몇 년 전 신문은 세르푸코프(Serpukhov)의 700억 전자볼트의 양성자 싱크로트론이 반헬륨 원자핵을 만들어 냈다고 보도한 바 있다. 노보시비르스크(Novosibirsk)의 저장링형(貯藏ring 型) 가속기는 전자와 양전자를 동시에 가속하여 이 두 개의 정면충돌로 인해 생기는 높은 에너지 현상을 탐구한다. 반원자핵이나 반소립자가 원자핵이나 소립자와 마찬가지로 사용되어 머지않아 그것이 지극히 당연한 일로 느껴지게 될 것이다. 에너지가 충분하면 간단히 만들어지고, 또 적당한 상대가 있으면 순식간에 소멸되는 물질로부터 만들어지고 있는 우리 세계의 불가사의도 앞으로는 차츰차츰 밝혀질 것이다.

헤아려도 한없는
중성미자에 최초로 메스를 가한 페르미

제3장
소립자 변환

소립자는 다른 종류의 소립자로 변환한다.
원자핵 세계의 입구에 서서 물리학자는 베타선 현상으로부터
비로소 이 사실을 알았다. 거기에는 소립자의 마지막
생존자인 중성미자가 활약하고 있었다.

로마의 고민

거리의 군데군데에 솟아있는 성벽. 무지개를 흩날리며 뿜어 오르는 무수한 분수. 로마는 역사의 도시다. 이 고도에서 최신 과학에 관한 회의가 열리고 있었다. 1931년 가을의 일이다.

왕립 아카데미의 회의장에는 세계 각지로부터 모여든 원자핵물리학 권위자들의 얼굴이 쭉 늘어서 있었다. 코펜하겐의 보어, 괴팅겐의 하이젠베르크, 케임브리지의 디랙, 로마의 페르미 등이 보였다. 그들은 당면한 원자핵물리학의 난문제를 해결하려고 이곳에서 국제회의를 계획했던 것이다.

20세기 초부터 시작된 원자에의 추구는 파란만장한 것이었으나 원자 세계의 법칙, 양자역학 건설의 성과에 의해 원칙적으로는 일단 종지부가 찍혔다. 원자와 그것의 집합인 분자, 고체 등은 전자를 양자역학으로 다룬다면 본질적인 문제 없이 이해할 수 있을 것이다. 그렇다면 다음 문제는 미지의 영역인 원자핵을 공격하는 일이다.

원자핵은 세 종류의 방사선을 방출한다. 그것들은 그리스 문자를 위에서부터 따서 알파(α)선, 베타(β)선 감마(γ)선으로 분류한다. 원자핵은 왜 방사선을 방출하는가? 원자핵의 내부는 어떻게 되어 있는가? 그것은 여태껏 깊은 수수께끼에 싸여 있었다. 많은 물리학자의 관심이 집중되는 것은 당연한 일이다.

그러나 회의의 공기는 침울했다. 새로운 분야의 개척이라는 발랄한 기분을 예상했던 방청자들은 이상하게 생각했는데 그것에도 이유가 있었다. 결론부터 말하자면 원자 공격에 성공한 여세를 몰아 단번에 원자핵을 제압하려 했던 물리학자의 야망이 도처에서 좌절되고 있었던 것이다.

원자핵은 처음에 다루기 힘든 것으로는 보이지 않았다.

실제로 최초로 원자핵의 기름진 들에 삽을 찍어 넣은 것은 레닌그라드 대학(현 상트페테르부르크 국립대학교)을 갓 졸업한 청년이었다. 이 청년, 가모프(George Gamow, 1904~1968)는 멀리 괴팅겐대학에서 두 달간의 여름 휴가를 보내려고 왔을 뿐이었는데도 그가 최초의 개척자라는 영예를 차지하게 되었다.

어떤 종류의 물질은 방사선을 방출한다. 이 사실은 이미 1896년에 베크렐(Antoine Henry Bequerel, 1852~1908)과 퀴리 부인(Marie Curie, 1867~1934)이 발견했다. 세 종류의 방사선은 자기장 속에서의 휘어진 상

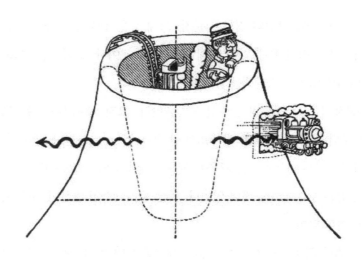

양자역학으로 터널을 뚫는다
알파 입자가 양자역학에 따르게 된다면 문제는 간단하다

태로부터 구별된다. 알파선은 양전기를 가진 무거운 입자이고, 베타선은
음전하의 가벼운 입자이며 감마선은 짧은 광선이다.

　가모프가 제기한 것은 알파선이 왜 원자핵으로부터 방출되는가 하
는 문제였다. 상식적으로 생각하면 원자핵 속에 알파선의 정체인 알파 입
자가 있기 때문이라는 것은 틀림이 없으나 생각해 보면 이상한 일이다.
1911년 러더퍼드(Ernest Lord of Nelson Rutherford, 1871~1937)가 처음으
로 원자핵의 존재를 확인했을 때, 그는 알파선을 탄환으로 해서 원자에
충돌시켜 그것이 어떻게 도로 튕기느냐는 문제로부터 원자의 중심에 있

는 단단한 심(Core), 즉 원자핵의 존재를 결론지었다. 알파선이 원자핵에서는 되튕겨진다는 것은 알파 입자가 갖는 양전기와 원자핵이 갖는 양전기가 서로 반발하기 때문이다. 즉 원자핵은 알파 입자가 속으로 들어오지 못하게 바리케이드를 치고 있다. 그렇다면 왜 같은 바리케이드의 안쪽에서부터 간단하게 알파선이 튀어나오는 것일까? 그 경우에만 바리케이드를 철거시켜 줄 만큼 원자핵이 안팎을 구별하는 연대 의식을 가질 턱이 없다.

가모프는 두 달간의 여름휴가를 희생한 덕분에 이 문제를 해결할 수 있었다. 알파 입자가 양자역학의 법칙에 따르는 대상이라는 것에 착안했기 때문이다. 원자핵에는 알파 입자를 쉽게 접근시키지 않고 또 쉽게 방출하지도 않는 전기력에 의한 장벽이 있다. 그러나 만약 양자역학을 이용하여 답을 낸다면 알파 입자의 확률파는 장벽의 안쪽이나 바깥쪽에도 입자의 존재를 허용하게끔 행동한다. 즉 어느 쪽에도 알파 입자가 있을 가능성이 있으므로 어느 쪽으로부터도 벽을 통과할 수 있다. 그것은 전적으로 양자역학에서만 광각할 수 있는 효과이며, 그렇게 생각이 미치면 간단한 연습문제와 같은 것이었다.

통과하는 비율은 물론 벽이 얇은 쪽이 크게 되지만 총체적으로 말하면 방출되는 비율도, 내부로 끼어드는 비율도, 같은 정도로 비교적 적다. 그러나 어느 것이든 실현되는 것은 틀림없다. 결국 알파 입자의 벽에 충돌하는 기회가 원자핵의 내부에 있는 경우와 원자핵의 외부에서부터 충돌하는 경우 중 어느 쪽에서 더 큰가가 문제가 된다. 아마도 알파 입자가 외부로부터 벽에 접근하는 경우보다는 원자핵의 내부에서 어물거리고 있는 경우의 쪽이 기회가 많을 것이다. 따라서 방출이 일어나기 쉽다.

가모프와 거의 같은 시기에 미국에서도 콘돈(E. U. Condon)과 거니(R. W. Gurney)에 의해 같은 이론이 제창되었다. 그때까지 이론적인 실마리가 전혀 없었던 원자핵이라는 새로운 대상에도 양자역학이 사용될 수 있을 뿐만 아니라 그것을 사용하지 않으면 현상을 이해할 수 없다는 그들의 결론은 위대한 발견이었다. 돌파구를 발견했으므로 원자핵의 수수께끼도 조만간 해결될 것이리라. 그렇게 생각하고 물리학자들은 일제히 원자핵의 공격에 착수했다. 그러나 그 기대는 금방 무산되고 말았다.

소멸된 에너지

앞길에는 베타선의 방출 현상이라는 난관이 기다리고 있었다. 회의는 자연히 이 문제를 둘러싸고 전개되어 나갔다.

"베타선의 현상에 관한 현황을 알아보기 위해 먼저 엘리스(C. D. Ellis) 박사의 분석을 듣기로 합시다."

사회자의 소개로 엘리스가 등장했다.

"원자핵, 특히 불안정한 원자핵은 베타선을 방출해서 원자번호가 하나 더 큰 비교적 안정된 원자핵으로 바뀝니다. 방출된 베타선 입자는 음의 전기량을 가질 것이며, 여러 가지 측정 결과로부터 볼 때 전자일 것이라고 생각됩니다.

베타선 입자의 에너지는 자기장 속에서의 휘어지는 방법으로부터 측정하는 것이 통상적인 방법입니다. 알파 입자의 경우에는 물질 속의 원자와 충돌해서 그것을 이온화하는 힘이 크므로 이것으로부터 에너지를 알 수 있지만, 베타선에서는 이온화가 작으므로 이 방법은 사용할 수 없습니다.

알파선과 베타선의 경우의 두드러진 차이는 이와 같이 해서 얻은 에너지가 알파선에서는 균일한데도 베타선에서는 연속적인 여러 가지 값을 취하는 점에 있습니다.

가령 라듐 원자핵은 알파 입자를 한 개 방출해서 라돈으로 바뀌지만 이때 알파 입자의 에너지는 어느 것을 취하더라도 7.5×10^{-6}에르그(erg)이며 그 이외의 에너지를 갖는 입자는 발견되지 않았습니다. 226이라는 질량수의 라듐이 222의 라돈으로 바뀌는 것이므로 그 질량의 차가 알파선 입자의 에너지에 해당하고 균일한 값이 나오는 것이라고 생각합니다.

그런데 원자핵이 베타선을 방출할 경우에는 베타선 입자의 에너지가 실측에서 균일하게 되어 있지 않은 셈입니다. 좀 더 정확하게 말하면 제로에서부터 시작해서 반응의 전과 후에서의 원자핵 무게의 차로 결정되는 일정값까지의 모든 에너지의 입자가 발견되어 있는 것이 됩니다. 그것은 기묘한 일입니다. 방출 전의 원자핵, 즉 어미 원자핵이 베타 입자를 방출해서 방출 후의 딸 원자핵으로 바뀌어 있으므로 당연히 그 두 개의 원자핵의 질량 차에 해당하는 에너지가 베타선 입자에 주어져 있을 것입니다. 전후의 원자핵이 여러 가지로 다른 질량을 가질 리가 없으므로 베타선 입자가 균일한 에너지를 갖지 않는 것은 이해하기 곤란한 사실이라고 말하지 않을 수 없습니다."

이처럼 엘리스는 지금까지의 상황을 알기 쉽게 요약했다. 그러고 나서 그와 우스터(W. A. Wooster)의 멋진 실험 이야기로 들어갔다.

"방출되는 베타선 입자가 균일한 에너지를 갖지 않는 것에는 또 다음과 같은 가능성이 남아 있습니다. 베타선 입자가 원자핵으로부터 방출될 때는 일정한 에너지가 주어지게 되지만 그 에너지를 측정하는 장치에 도달하기까지에는 어떤 이유, 특히 공기 속의 분자와 충돌하는 것처럼 그중에는 에너지를 소모하는 입자도 있고 해서 위에서 말한 바와 같은 결과가 나오지요. 이것은 있을 수 있는 일이고 또 확인할 수도 있습니다.

우스터와 내가 한 실험은 이것입니다. 우리는 베타선을 방출하는 라듐 원자핵 전체를 열량계(熱量計)에 넣어 일정 시간 내에 방출되는 총열량을 측정했습니다. 이 방법에서는 베타선 입자가 분자와 충돌해서 그것에 주는 에너지도 계산 속에 들어가므로 그 열량을 방출한 원자핵의 수로 나누면 베타선 입자 한 개당 평균 에너지를 얻을 수 있습니다.

베타선 입자가 원자핵으로부터 일정한 에너지를 받아서 방출되고 있다면 열량으로부터 얻는 평균값도 그 값과 일치할 것입니다. 반대로 원자핵으로부터 베타선 입자가 방출될 때 이미 제각기 다른 에너지밖에는 주어져 있지 않다면 실험의 답은 그 분포의 통계적 평균값, 계산에 따르면 최대 에너지값의 약 3분의 1이 됩니다.

실험에서는 최댓값 123만 전자볼트(1.23MeV)를 예상했지만 0.35 ± 0.04MeV를 얻었습니다. 즉 베타선 입자는 원자핵이 튀어나올 때부터 제멋대로의 균일하지 않은 에너지를 가졌다고 결론지을 수 있습니다."

엘리스의 말이 끝나자 장내에는 일제히 한숨 소리가 흘러나왔다. 엘리스와 우스터의 실험은 의심할 여지 없이 명확하다. 그렇다면 베타선 현상은 어떻게 생각해야 할까? 완전히 상식을 넘어서고 있는 것이다.

보어의 마법

한참 있다가 하이젠베르크가 입을 열었다.

"베타선의 문제와 관련한 원자핵의 구성에도 의문이 있는 것처럼 생각된다. 잘 아시는 바와 같이 원자핵은 질량수와 원자번호로 특징지어지고 있다. 질량수는 원자핵의 대체적인 무게이며, 수소 원자핵, 즉 양성자 무게의 몇 배인가 하는 수를 나타내고 있다. 원자핵은 질량수에 해당하는 만큼의 양성자로부터 만들어져 있다. 그런데 원자번호는 원자핵의 양전기량이 전기소량(電氣素量)의 몇 배인가를 나타내는 것이다. 대개의 무거운 원자핵에서 원자번호는 질량수의 약 절반의 값으로 되어 있다. 가령 산소의 원자번호는 8이고, 질량수는 16이다. 질량수에 해당하는 수의 양성자로 원자핵이 만들어져 있다면 양성자는 양의 전기소량을 가지므로 원자번호와 질량수의 차는 이해되지 않는다.

거기서 질량수와 원자번호의 차에 해당하는 수의 전자가 원자핵 내에 존재한다고 생각할 필요가 생긴다. 전자는 음의 전기소량을 가지므로 그것이 양의 전기량을 상쇄하여 전체 전기량은 원자번호대로 된다. 또 전자의 무게는 양성자의 2,000분의 1이므로 질량에는 변화가 없다. 더군다나 베타선 입자는 전자이며, 그것이 방출되는 것으로부터 생각해서 원자핵 내에 전자가 있다고 봐도 좋을 것 같다. 이것이 현재 우리가 가지고 있는 원자핵의 이미지다.

그런데 잘 생각해 보면 이상하다. 가모프가 알파선 방출의 이론에서 성공했듯이 가령 원자핵에 양자역학이 사용된다고 하자. 그러면 전자는 원자핵 내에 존재할 수 없다는 결론이 나온다. 그것은 전자가 질량이 작기 때문에 운동량도 작고 불확정성 관계를 사용하게 되면 전자가 발견되는 위치의 범위가 원자핵 크기의 약 100배의 넓이로 되기 때문이다. 전자는 설사 원자핵 속의 작은 영역에 가두어지더라도 금방 원자핵 바깥으로 튀어 나가 버린다. 이것으로 보아 원자핵의 구성에도 문제가 있다."

한 사람이 질문한다.

"그것이 원자핵이 베타선을 방출하는 기구라고는 생각되지 않습니까?"

"그것은 안 될 말이다. 지금 말한 것은 베타선을 방출하지 않는 안정된 원자핵에도 적용되는 이야기이다. 게다가 베타선 방출의 비율이 꽤 낮기 때문에 이 기구로는 답이 크게 될 것이다."

보어가 말한다.

"불확정성 관계를 사용하는 것은 재미있는 일이지만 만약, 가령 원자핵 내의 전자가 매우 빠르게 운동한다면 상대성이론이 가리키는 것과 같이 전자의 질량이 무거워져서 지금 말한 것처럼 되지 않는다. 디랙 군은 어떻게 생각하지?"

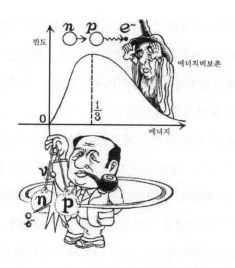

보어가 걸어 놓은 마법 – 중성자(n)가 전자(e⁻)와 양성자(p)로 변할 때 에너지 보존의 법칙이 깨진
다고 보어가 말하자, 파울리는 동시에 중성미자가 생겨서 보존 법칙을
충족한다고 했다

"그것에 대해서는 클라인(O. Klein)이 적당한 답을 가지고 있을 것 같
습니다."

디랙은 자기가 직접 대답하는 대신 클라인을 지적했다.

"사실 상대성이론의 효과를 넣으면 하이젠베르크가 말한 것보다 훨씬
사정이 나빠집니다. 양에너지를 가진 전자가 자꾸만 음에너지의 노새 전
자로 바뀌므로 결국 원자핵에서부터 나가 버리게 되는 것입니다."

디랙은 잠자코 있다. 그는 자기의 새로운 이론에서 음에너지의 세계는
이미 전자로 채워져 있기 때문에 그렇게는 되지 않는다고 생각하는데, 설사

그렇다 하더라도 원자핵이 당면하는 문제가 해결되지 않는 것은 사실이다.

베타선의 현상이나 원자핵 내의 전자의 존재라든가 하는 것은 어느 것이나 원자핵을 공격하는 일의 어려움을 말하는 것처럼 보였다.

마지막에 보어가 일어섰다.

"원자핵물리학의 현상은 제군들이 충분히 알고 있는 바와 같이 반드시 낙관할 수 있는 것이 못 된다. 그러나 돌이켜 보건대 우리는 몇 번이고 같은 일을 해왔다. 상대성이론은 에테르의 존재라는 난문제를 정복하여 시간, 공간의 개념을 근본적으로 바꾸어 놓았다. 원자에 관한 이해할 수 없는 점은 양자역학으로 인해 극복되어 인과법칙의 생각을 전적으로 개조했다. 이러한 일을 더불어 생각한다면 원자핵 내에 있는 전자가 결코 만만하게 다루어질 수 없다는 것도, 베타선 현상으로 에너지의 수지가 보상되지 않는다는 것도, 현실적으로 있을 수 있는 일이 아닐까? 그것은 장래의 이론에 의해서 충분한 설명이 주어질지도 모른다."

그는 엄청난 주장을 하고 있다. 에너지 보존의 법칙이 깨질 경우도 있다는 것이다. 만약 이것이 사실이라고 한다면 큰 문제다. 물리학자는 과거 오랜 세월에 걸쳐서 에너지 보존의 법칙을 수립했다. 그것이 깨진다면 그 결과는 도처에서 일어날 것이다. 2년 전에 보어는 패러데이 강연에서 이 주장을 했었다. 그것을 들은 사람들까지 포함해서 그 회장의 공기도 보어의 주장을 받아들이고 있는 듯했다. 확실히 1931년 무렵에 원자핵은 아직도 신비에 싸여 있었다. 원자핵에 관해서 무엇이 발견될지도 모를 상황에서 보어가 걸어놓은 마술은 바로 효력을 발휘했다.

거인과 소인

로마 회의는 끝났다. 그러나 한 가지 기묘한 현상이 남아 있었다. 그것은 언제나 비판적이고 공격적이었던 파울리가 이상하게도 이 회의에서는 전적으로 침묵을 지키고 있었으며, 보어의 주장에조차 동의하는 것처럼 귀를 기울이고 있었던 것이다. 정평 있는 그도 이 문제에 대해서는 방도가 없었던 것일까? 사실인즉 그것은 반대였다. 그의 머릿속에서는 보어와는 전혀 다른 생각이 자리 잡고 있었다.

그해 6월 파울리는 패서디나(Pasadena)에서 베타선 입자, 즉 전자가 제각각 제멋대로의 에너지를 취하는 것을 이해하기 위해서는, 실험과 관측에 쉽사리 걸려들지 않는 전기적으로 중성(中性)인 입자가 동시에 방출된다는 주장을 막 발표했었다. 만약에 전자와 이 중성 입자가 세트로 방출된다면, 그것들의 에너지의 합이 엄마와 딸의 원자핵의 에너지 차에 해당하여 일정하기만 하면 된다. 그 에너지 차의 범위에서 전자가 제로에서 최댓값까지의 임의의 에너지값을 취하더라도 이상할 것이 없다. 관측에 걸려들기 힘든 중성입자에 책임을 전가한다면 에너지 보존의 법칙이 깨진다는 중대사에는 이르지 않는 것이다.

그러나 관측하기 힘든 중성입자란 무엇인가? 전기량도 갖지 않고 무게도 전혀 없는 듯한 이 입자는 아직 아무도 본 적이 없다. 그러므로 그것은 하나의 가설에 지나지 않는다. 파울리는 비판적인 성격 때문에 이런 종류의 가설은 자기의 것이라 할지라도 그리 좋아하지 않았다. 그래서 당

분간은 그대로 보류해 두는 것이 좋다고 생각했다. 원자핵물리의 상황은 새로운 입자를 예언하는 대담성을 억제한다. 아마 그가 이 석상에서 그런 생각을 발설한다고 하더라도 가정된 입자가 현실적으로 발견되지 않는 한, 결국 그것도 에너지 비보존(非保存)의 다른 표현에 지나지 않는 것이 아니냐는 비난을 들을 수밖에 없다.

같은 사정은 '중성자'에도 있었다. 최초로 중성자의 존재를 예상한 것은 러더퍼드 였으나 당시에는 그 누구도 이것을 믿으려 하지 않았다. 자연계는 전자와 양성자와 빛으로써 존재한다. 이것만으로도 지나칠 정도로 많을지 모르는데, 무엇이 좋아서 가공의 입자까지 가져올 필요가 있단 말인가? 보어는 새로운 입자를 인정하기 싫었으나 그것은 그만에 그치지 않았다.

그런 까닭으로 원자핵의 수수께끼에 대한 새로운 해결 방법도 발견하지 못하고 보어 등 여러 물리학자들은 허무하게 로마에서 철수했다. 그러나 그해를 넘기자 많은 사람을 놀라게 할 만한 뉴스가 연달아 나왔던 것이다.

1932년은 빛나는 발견의 해였다. 코크로프트(John Douglas Cockcroft, 1897~1967)와 월턴(Ernest Thomas Sinton Walton, 1903~1995)에 의한 원자핵의 인공 파괴의 성공, 채드윅(James Chadwick, 1891~1974)의 중성자의 발견, 앤더슨의 양전자의 발견, 프레데릭 졸리오 퀴리(Frederic Joliot-Curie, 1900~1958)와 이렌 졸리오 퀴리(Irene Joliot-Curie, 1897~1956)의 중수소 분리 등이 그해를 장식했다.

특히 원자핵을 구성하는 중성자의 발견은 원자핵물리에 있어서는 가

뭄 끝의 단비였다. 곧 하이젠베르크는 양성자와 중성자로써 원자핵을 구성한다는 새 이론을 발표했다. 중성자는 양성자와 거의 같은 무게를 가진 전기적으로는 중성인 소립자이며, 가령 산소 원자핵의 16이라는 무게는 여덟 개의 양성자와 여덟 개의 중성자로써 구성되어 있는 것이다. 원자핵 내에 전자의 존재를 생각하기 위해 일어났던 혼란은 이렇게 해서 일소되고 원자핵물리학은 확실하게 한 걸음을 내딛게 되었다.

파울리는 채드윅의 중성자 발견에 용기를 얻어 자기가 가정한 중성입자에도 점점 자신을 가지게 되었다. 그러나 유감스럽게도 원자핵의 중성자가 이미 발견된 이상 자기의 입자를 중성자라고 명명할 수는 없다. 파울리의 중성입자는 먼저 명명된 중성자와는 달리 가벼운 입자이므로, 있다고 해도 쉽게 발견할 수 있는 것이 아니다. 엘리스와 우스터와의 실험에서도 놓치고 말았다. 파울리를 동정한 사람들은 이것을 '파울리의 가설'이라 불렀다. 두 개의 중성자가 있다. 하나는 양성자와 거의 같은 정도로 무거운 거인이지만 하나는 거의 측정할 수 없을 만큼 가벼운 소인(小人)이다.

파울리의 중성입자의 명명자가 된 사람은 로마의 페르미였다. 페르미는 그것을 채드윅의 중성자와 구별하기 위해서 '작은 중성자'(이탈리아어로 뉴트리노, Neutrino)라고 불렀다. 즉 '중성미자(中性微子)'이다. 그만은 파울리의 주장을 믿고 있었다.

소립자와 연금술

원자핵의 구조가 명백해지자 베타선의 문제가 점점 복잡해졌다. 전자는 확실히 원자핵 내에 자리를 가질 수 없는데도 왜 베타선 현상에 한해서 원자핵은 마치 내부에 그것을 가지고 있는 것처럼 전자를 방출하는 것일까? 페르미는 이 문제에 골치를 앓고 있었다.

그러나 이론이나 실험을 모두 잘 구사하는 만능의 그도 이 문제 하나에만 매달려 있을 수는 없었다. 로마에서는 또 하나의 흥미로운 실험이 진행되고 있었으며 여기에는 반드시 페르미의 지도가 필요했다. 실험은 중성자를 원자핵에 조사(照射)시켜 다른 원자핵을 만드는 일이었다. 중성자는 물에 의해 감속되면 쉽게 원자핵 속으로 침투한다. 서서히 진행하기 때문에 핵과 반응할 기회가 많아진다. 중성자를 포획한 원자핵은 무게가 그만큼 증가하지만 안정하게 되기 위해 에너지를 조금 버린다. 베타선을 방출해서 전기량(원자번호)이 하나 불어나는 셈이다. 전기량이 본래의 원자핵보다 큰 것은 화학적으로도 다른 성질을 갖는다. 즉 중성자에 의해 어떤 원소를 다른 원소로 변화시킬 수가 있는 것이다. 페르미는 이 실험에 거의 매달려 있었는데 이것이 초우라늄 원소를 낳아 원자핵 분열, 원자핵에너지의 해방으로 이어지리라고는 생각조차 하지 못했다.

베타선의 문제를 연구하는 사람들의 그 후의 소식이 페르미에게도 전해졌다. 1933년 베크(Guido Beck, 1903~1988)와 지테(Kurt Sitte, 1910~1993)가 처음으로 베타선의 이론을 발표했다. 그들은 원자핵 근처에서 전자와 양전자의 쌍이 발생하고 그중 양전자는 원자핵에 포획되고 나머지는 전자가 베타선으로서 방출되는 것이라고 생각했다. 또한 베타선 입자의 에너지가 여러 가지 구구한 값을 취하는 것은 원자핵에 양전자가 포획될 때 에너지 보존의 법칙이 깨지기 때문이라고 했다. 바로 보어의 견해를 지지하는 주장이었다.

파울리는 중성미자설(中性微子說)을 주장하게 되고 새로운 입자를 싫어하는 보어와 크게 싸웠다. 페르미는 에너지 보존의 법칙이 그렇게 간단히 깨지는 것이 아니라고 믿고 있었기 때문에 파울리 의견에 찬성이었다.

"베타선을 방출하는 현상에서는 유독 전자뿐만 아니라 전자와 중성미자가 한 세트가 되어 방출되고 있는 것이 틀림없다. 그렇다고 하더라도 원자핵 내에는 없을 것인 전자나 중성미자가 어떻게 해서 나오는 것일까?"

그는 전자와 양전자가 쌍으로 발생하는 앤더슨의 현상에 주목했다. 그 점은 베크도 같았다. 페르미가 베크와 다소 다른 것은 전자와 양전자가 아니라 전자와 중성미자와의 쌍을 생각한 점이다. 전자와 중성미자가 쌍을 이루어 발생해 나오는 것이라면 원래 그것들이 원자핵 내에 존재하지 않아도 문제가 되지 않는다.

전자와 양전자의 발생은 빛이 원자핵의 도움을 얻어서 만들어지는 과정이었다. 전자와 중성미자의 발생은 무엇에 기인하는 것일까? 베타선이 나올 경우 원자핵의 전기량이 증가하는 것은 확실하다. 페르미는 원자핵의 인공변환(人工變換)이라는, 현재 하는 실험과 결부시켜 생각해 보았다. 이미 말한 바와 같이 원자핵은 바깥으로부터 들어온 중성자를 잡아먹고 질량수가 하나 더 큰 원자핵이 된다. 그리고 얼마 후 그것은 베타선을 방출해서 다른 원자핵이 된다.

"중성자가 베타선의 방출과 어떤 관계를 갖는 것이 아닐까? 또 베타선의 방출로 원자핵의 전기량이 변화하는 셈인데 원자핵의 전기량이 증가한다는 사실은 양성자가 증가한 것으로 이해된다. 원자핵이 베타선을 방출할 경우 바깥으로부터 중성자를 쏘아 넣는 것은 아니지만 원자핵 내에는 이미 중성자가 존재해 있다. 이것은 원자핵 내의 중성자가 양성자로 변화했다고 생각하지 않으면 안 된다. 중성자가 양성자로 바뀐다는 이 큰 변화가 전자와 중성미자의 쌍을 낳게 하는 원인과 결부되어 있는 것은 아닐까?"

양성자도 중성자도 소립자다. 여태까지 소립자가 다른 종류의 소립자로 바뀐다는 견해는 없었다. 그것이 원인이라고 생각될 만한 현상이 그다지 없었기 때문이다. 베타선은 바로 그것을 생각게 하는 동기를 부여한 최초의 현상이었다.

"그렇다면 원자핵 내의 중성자가 양성자로 변하는 것은 어째서일까? 당장에는 이유를 짐작할 수 없으나 어쨌든 결과로서 전자와 중성미자의 쌍이 생기는 것과 무관하지는 않을 것이다."

두 개의 현상이 어떻게 관계되고 있는지는 알 수 없었으나 페르미는 결단을 내려 두 현상이 동일한 점에서 일어난다고 했다. 베크는 전자가 발생하는 장소를 원자핵의 바깥에다 두었는데 페르미는 원자핵의 내부에다 두었다. 중성자가 양성자로 변할 때 전자와 중성미자가 방출되는 현상

두 개의 베타 붕괴설 – 베크는 원자핵 근처에서 광자(γ)로부터 전자쌍(e^-, e^+)이 생겨서 양전자
(e^+)는 원자핵에 들어가고 전자(e^-)가 베타선이 되어서 방출된다고 생각했
다. 한편 페르미는 원자핵 내에서 중성자(n)가 양성자(p)로 변하고 그때 전
자(e^-)와 중성미자(ν)의 쌍이 방출된다고 했다

이 어느 정도로 일어나는지는 알 수 없다. 그것은 상수로 정해 놓고 실험
으로 구할 수밖에 없다. 그것은 쉬운 작업이다.

이리하여 그는 그와 같은 생각으로 전자가 방출되는 비율이 전자의 에
너지와 어떻게 관계하는가를 상수를 제외하고 계산해 보았다. 그것은 아
주 훌륭하게 베타선의 관측 결과와 일치했다. 1934년의 일이다. 그는 중
성자를 사용해서 원자핵의 연금술(鍊金術)을 행했던 바로 그해에 중성자가
양성자로, 즉 한 소립자가 다른 소립자로 바뀌는 사실, '소립자의 연금술'
을 발견했던 것이다.

전자를 먹다

페르미의 베타선의 이론은 실험 결과를 아주 잘 설명하는데도 불구하고 미지의 소립자인 중성미자를 이용한다는 이유로 별로 평판이 좋지 않았다. 그러나 이 이론에 주목하는 사람들이 있었는데 일본 오사카의 젊은 물리학자 그룹이었다. 지금은 그렇지 않지만 그 당시의 일본에서는 유럽이나 미국에서 개최되는 회의에 출석하는 기회가 적었다. 그래서 실제로 거기서 어떤 아이디어가 나오고 토론되고 있는지는 회의 후 시간이 지나서 발표되는 논문이 잡지에 실려 배포될 때까지 모르고 있는 경우가 많았다.

유카와는 O대학에 갓 신설된 원자핵 연구센터에서 페르미의 논문을 보고 낙심했다.

"아뿔싸, 페르미에게 선수를 빼앗겼군."

그도 베타선의 해명에 줄곧 종사하고 있었으므로 선수를 빼앗긴 것이 분했던 것이다. 그러나 그에게 또 하나의 충격을 준 것은 같은 해에 러시아(구소련)의 탐(Igor Yevgenyevich Tamm, 1895~1971)과 이바넨코(Dmitri Dmitrievich Ivanenko, 1904~1994)가 페르미의 생각을 활용해서 원자핵의 핵력(核力)에 대한 해명에 착수했다는 논문을 본 일이다. 페르미의 이론은 많은 사람이 등한시하는 속에서도 착착 결실을 맺어 가고 있었다. 유카와의 중간자론(中間子論) 아이디어가 싹튼 것은 이 충격에서 시작되었는데 그것에 대해서는 4장에서 설명하겠다.

1935년 베크는 디랙과 함께 일본에 왔다. 일본 학자들에게 그것은 하

연못 근처는 위험 – 원자핵 내의 양성자(p)가 핵에 가장 가까운 K궤도의 전자(e⁻)를 흡수하여 중성자(n)와 중성미자(ν)를 방출하는 것이 K전자 포획이다

나의 큰 자극이 되었다. 베크의 베타선 이론은 옳지는 않았으나 중대한 힌트가 내포되어 있었다. 유카와와 사카타는 빠른 말로 지껄이는 그의 설명에서 민감하게 그것을 감지했다. 베크의 생각으로는 원자핵 근처에서 발생하는 전자와 양전자 한 쌍 가운데 양전자는 원자핵에 포획된다고 했다. 그때 전자, 양전자의 쌍을 발생시키는 감마선은 원자핵이 내부에서

자극된 상태로부터 안정된 상태로 옮겨갈 적에 발생하는 것일지도 모른다. 그렇다면 발생한 양전자가 원자핵에 잡히지 않고 외부로 나가는 일도 있을 것이다. 사카타는 원자핵의 변화로 인해 생기는 감마선이 전자쌍(電子雙)을 생성한다는 계산을 시작했다.

그런데 더 흥미로운 문제가 있다. 그것은 양전자가 원자핵에 포획된다는 베크의 생각을 통해 페르미의 이론을 재검토하는 일이다. 페르미가 생각한 과정으로는 전자와 중성미자가 쌍이 되어 방출된 것이 베타선이며 동시에 중성자가 양성자로 바뀌기 위해 원자핵의 전기량이 증가한다는 것이다. 만약에 이 이론이 옳다면 그 반대도 가능할 것이다. 즉 전자를 원자핵에 넣으면 양성자가 중성자로 되고, 동시에 중성미자를 방출하는 일도 일어날 것이다. 원자핵에 포획된 전자를 따로 준비할 필요가 없다. 원자에서도 원자핵 주위에 많은 전자가 배회하니까 제일 가까운 K궤도의 전자가 후보자가 된다.

중성미자는 관측이 어렵기 때문에 이 현상에서는 K궤도에 뚫린 구멍을 메꾸는 전자의 움직임을 파악하는 것이 결정적인 수단이다. 그렇게 하자면 바깥쪽의 전자가 안쪽에 생긴 빈자리로 이동할 때 발생하는 X선을 측정하면 된다. 어쨌든 이 현상은 기묘한 것 같지만 페르미 이론의 테스트가 된다는 점에서 유카와와 사카타의 의견이 일치했다.

이 K전자 포획이라는 현상의 예측은 원자핵물리학에서 일본이 세운 빛나는 공헌이었다. 그러나 페르미의 이론조차도 아직 시민권을 얻지 못하는 세계적인 학회가 이름도 잘 모르는 일본의 젊은 물리학자의 주장을 받아들일 리가 없다. 아직도 보어의 마술은 많은 사람을 지배하고 있다. 콤프턴 효과(Compton Effect)에서도 에너지 보존의 법칙이 성립되지 않고 있다라는 상크랜드(R. S. Shankland)의 그릇된 실험 쪽이 더 평판이 높던 시대였다.

1938년에 이르러 페르미의 제자 앨버레즈(Luis Walter Alvarez, 1911~1988)에 의해 유카와와 사카타의 예측을 비로소 확인할 수 있게 되었다. 이리하여 베타선의 이론, 즉 그 속에 포함되는 소립자의 변환이라는 사고가 확립되게 되었다. 중성자가 양성자로 변하기도 하고 양성자가 중성자로 변환할 수도 있다. 전자는 중성미자로, 중성미자는 전자로 변화한다. 가령 앞에서 말한 K전자 포획에서는 전자가 중성미자로 바뀌었다고 볼 수가 있다. 소립자는 생성 소멸할 뿐만 아니라 서로 다른 소립자로 변환한다. 물질의 깊은 내부에는 이와 같은 변동의 세계가 존재했을 것이다.

중성미자와 프레젠트

로스앨러모스(Los Alamos)의 두 실험물리학자 라이네스(Frederick Reines, 1918~1998)와 코완(Clyde L. Cowan, 1919~1974)은 사배나(Savannah)강에 있는 수소폭탄 생산용의 거대한 원자로를 순수한 학문을 위해 이용하려고 생각했다. 그 무렵 물질의 궁극적 요소라고 생각되는 소립자는 급속히 그 종류가 증가해 가고 있었다. 연달아 세 종류의 소립자가 우주선에서 발견되었기 때문이다. 그러나 파울리가 도입한 중성미자는 4반세기가 경과한 당시까지도 아직껏 본 사람이 없었다. 이미 누구도 중성자의 존재를 의심할 수 없을 정도로 베타선의 이론이 확고해졌는데도 불구하고 중성미자는 정확하게는 아직도 가공의 입자였다. 그들은 원자로를 이용해서 중성미자를 포착하려고 기도했다.

원자로 속에는 막대한 수의 중성자가 있다. 알몸으로 뛰어다니는 중성자는 15분쯤 사이에 양성자로 변하고 동시에 전자와 중성미자를 방출한다. 페르미가 베타선에서 지적한 것과 같은 과정이다. 원자로는 두꺼운 납의 차폐물로 둘러싸여 있기 때문에 위험한 방사선은 모조리 외부로 새어나가지는 않는다. 그러나 예외는 중성미자다. 차폐물을 통과해서 중성미자는 매초 10억의 10억 배(10^{18})개 정도가 외부로 방출되고 있을 터이므로 그것이 측정되지 않을 리가 없을 것이라고 라이네스와 코완은 생각했다. 그들은 카드뮴을 혼합한 물을 가득 채운 거대한 수조를 마련했다. 수조 속으로 뛰어드는 대량의 중성미자는 물속의 양성자를 다시 중성자로 변환시키고 자기는 양전자가 된다. 이 양전자는 그 즉시 전자와 결합해서 소멸되어 감마선으로 변한다. 그 감마선을 검출하는 것은 곧 중성미자를 포획하는 것이 된다. 라이네스는 이것으로 중성미자가 쉽게 포획되리라고 생각했으나 기대했던 현상은 아주 근소하게 일어났을 뿐이었다. 평균적으로 본다면 한 시간에 3개 정도의 중성미자를 포획한 것이 된다. 막대한 수의 중성미자는 거의 라이네스와 코완의 수조를 그대로 통과해 버린 셈이다.

그러나 수의 다소에는 상관없이 그들이 중성미자의 존재를 입증한 것에는 틀림없다. 1955년, 로스앨러모스에서 주최한 중성미자 발견의 성대

찾아도 찾아도 보이지 않는다

한 파티에는 참석한 하객에게 줄 종이상자로 된 하나의 선물이 마련되어
있었다. 뚜껑을 열어보니 속이 비어 있었는데 뚜껑에는 '2,300개의 중성
미자가 들어 있다는 것을 증명함. 라이네스&코완'이라고 쓰여 있었다.

　중성미자는 별(星) 내부의 핵반응으로 우주에 수천억 개나 방출되고 있
다. 지구에도 무수한 중성미자가 오고 있는 셈이다. 그러나 그 대부분은
물질을 통과해 버릴 뿐이며 그중 극히 제한된 일부가 페르미의 이론에 의
한 과정으로 물질을 바꿔놓고 있다. 파울리가 '중성미자는 관측하기 매우

어려운 입자'라고 처음에 말했던 그대로다.

　그 후 라이네스는 1965년에 이르러 우주로부터 오는 중성미자를 포획했다. 남아프리카의 땅속 깊숙한 금광 안에 설치한 관측 장치에 일곱 개의 중성미자가 걸려들었던 것이다.

무궁무진

　대서양을 사이에 두고 세계 최대의 가속기 2대가 맹렬한 경쟁을 하고 있었다. 1962년의 일이다. 스위스 세른(CERN)의 가속기 PS와 브룩헤이븐의 가속기 AGS가 중성미자를 사용한 원자핵 변환을 인공적으로 실현할 계획을 거의 동시에 세웠기 때문이다.

　중성미자는 아직도 수수께끼에 싸인 소립자다. 첫째로 페르미의 이론에서도 중성미자와 전자의 쌍이 방출된다는 것과 중성자가 양성자로 바뀌는 것과의 사이에 어떤 관계가 있는지 모르는 채로 있었다. 중성미자를 사용해서 여러 가지 현상을 일으킬 수 있다면 그 관계를 알게 될지도 모른다. 또 그 후의 연구로 알려진 바로는 유카와가 도입한 파이(π)중간자는 사카타가 예상했던 바와 같이 뮤(μ)중간자로 바뀐다. 그 경우에도 뮤중간자와 동시에 중성미자가 방출된다고 생각하고 있다. 그러나 전자와 세트가 되는 파울리의 중성미자와 뮤중간자와 세트가 되는 사카타의 중성미자가 동일한 것인지 아닌지는 아직 모르고 있었다.

　가속기를 사용하면 수많은 중성미자를 함유한 강한 입자선의 흐름을 만들 수가 있다. 7년 전 라이네스와 코완이 원자로에서 한 실험에 비교하면 이번에는 약 1,000배쯤 많은 현상이 발견될 것이었다.

스타인버거를 중심으로 하는 브룩헤이븐의 중성미자 연구반은 글레이저(Donald Arthur Glaser, 1926~2013)가 발명한 거품상자의 거대한 측정기를 만드는 것에서부터 시작했다. 한편 세른의 베르나르디니 팀은 측정기의 기술상 문제로 출발이 좀 늦어졌다. 양쪽 모두 상대를 의식하면서 필사적이었다. 중성미자가 일으키는 현상은 포획하기가 어려울뿐더러, 일어난 현상이 확실히 중성미자에 의한 것인지 어떤지를 확인하기 위해서도 아주 고도의 기술이 필요했다.

양성자 가속기가 발생시키는 중성미자는 뮤중간자와 세트가 되는 사카타의 중성미자이며, 파이중간자의 붕괴로 인해 생긴다. 이 중성미자를 원자핵에 충돌시키면 원자핵은 다른 원자핵으로 바뀌고 동시에 뮤중간자 또는 때에 따라서 전자를 방출할 것이다. 그러나 사카타의 중성미자가 파울리의 중성미자와 다른 것이라면 뮤중간자는 방출되어도 전자는 방출되는 일이 없다. 라이네스와 코완이 원자로에서 한 실험에서는 파울리의 중성미자가 전자(또는 양전자)를 방출했으나 뮤중간자도 방출되었는지 어떤지는 측정되지 않았다.

사카타의 중성미자가 원자핵으로부터 뮤중간자를 방출한다고 하더라도 최초의 파이중간자의 붕괴로부터 생성된 뮤중간자와는 구별하지 않으면 안 된다. 그 구별을 명확히 하는 일은 두 그룹에는 뜻하지 않은 장애가 되었다.

이 경쟁은 우연한 일로 브룩헤이븐의 팀에 승리를 안겨다 주었다. 그들의 거품상자에 매우 긴 뮤중간자의 비적(飛跡)이 발견되었기 때문이다. 그러나 뮤중간자가 발견되었는데도 불구하고 전자는 발견되지 않았다. 간발의 차이로 패한 세른 팀도 이것을 확인했다. 사카타의 중성미자는 파울리의 중성미자와는 달랐던 것이다. 중성미자에는 두 종류가 있었다.

중성미자는 왜 두 종류가 있는가?

베타선의 중성미자는 거의 질량을 갖고 있지 않은데 새 종류의 중성미자도 그와 같은가? 거기에다 양성자나 중성자와 이들 소립자와의 관계, 즉 베타선의 조성(組成)은 그 후의 세른 팀의 열성적인 추구에 의해서도 아직 해명되지 못했다. 중성미자의 도입으로 시작된 소립자의 변환 문제는 마지막에 다시 중성미자로 되돌아가서 생각해야 될지도 모른다. 중성미자는 자연계에 있는 소립자 가운데서 가장 간단한 것이라고 생각되고 있다. 그러나 사카타는 말했다.

"중성미자라 할지라도 무궁무진하다."

아마 내일의 소립자론은 중성미자를 중심으로 전개될지도 모를 일이다.

중간자를 예언하여 소립자론을 전개한
유카와 히데키와 2중간자론의 도화선을 당긴 다니카와

제4장
중간자의 탄생

소립자론의 전개는 중간자의 탄생으로 인해 시작된다.

이 끊임없이 거품처럼 나타났다가는 사라지는 중간자가

물질의 수수께끼를 푸는 열쇠였다.

중간자의 탄생은 영광에 싸인 개척 시대의 이야기이다.

새 물리학

K대학의 교문에 들어서면 정면에 시계탑이 보인다. 오른쪽 공학부(工學部)의 근대 건축과는 대조적으로, 왼쪽에는 고색창연한 붉은 벽돌 건물이 묵묵히 우거진 나무에 둘러싸인 채 서 있다. 최근까지 공학부 석유화학 교실이 있었으나, 옮겨진 지금에는 주인도 없이 마침내 그 모습이 사라질 운명에 놓여 있다.

이 건물은 소립자론에 있어서 기념할 만한 의미를 지니고 있다. 1926년, 이 현관을 통해 들어온 두 학생이 있었다. 유카와 히데키와 도모나가 신이치로(1906~1979)이다. 당시에는 이곳에 이학부(理學部)의 수학물리학 교실이 있었다. 다이쇼(大正, 1912~1926) 말기가 되는 그해에는 메이지풍의 붉은 벽돌 건물이 그다지 낡은 느낌이 아니었으나 3년 후에 이전한 기

새로운 지식이 밀려왔다

타시라가와의 새 교실과는 비교가 되지 않았다. 일본의 물리학도 마찬가지로, 메이지 시대의 냄새를 풍기고 있었다. 그러나 외부 세계에서의 물리학은 세찬 흔들림 속에서 모든 것을 새롭게 고쳐 쓰고 있었다. 그해 하이젠베르크는 양자역학을 건설했다. 때를 같이 하여, 슈뢰딩거는 파동 방정식을 기초한 새로운 모습의 양자역학을 발표했다. 원자 세계의 법칙 체계가 거의 완성된 것이다.

새로운 물리학이 지니는 매력이 두 젊은 대학생을 사로잡은 것은 말할 나위도 없다. 그러나 그것은 대학에서 교수로부터 배울 수 있는 성질의 것이 아니다. 오히려 교수는 자신이 모르는 것을 배우려는 학생에게는 냉담했다. 두 사람에게 있어서는 한 달 늦게 들어오는 신간 잡지와 서점에서 때때로 눈에 띄는 새 물리학의 양서(洋書)가 유일한 교사였다.

일본의 물리학이 새로운 진보에 빗장을 꼭꼭 걸어 잠그고 있었던 것은 아니다. 나가오카 한타로(1865~1950)는 원자 모형에 있어서 선도적인 역할을 했고, 이시하라 준(1881~1947)은 상대성이론을 일본에 도입했다. 그러나 당시의 대학은 그들의 연구를 받아들이지 않았고 여전히 낡은 물리학이 판을 치고 있었다.

학생 시절의 유카와는 겉으로는 대범하고 침착하게 보였으나 끈질긴 사고력을 안으로 감추고 있었으며, 도모나가는 누가 봐도 날카로운 재기(才氣)를 느낄 수 있었다고 한다. 유카와의 폭넓은 구상력이 중간자론(中間子論)을 낳고, 도모나가의 날카로운 통찰력이 초다시간이론(超多時間理論)을 건설하게 된 것은 훨씬 뒤의 일이지만, 그 힘은 이 시대에 착착 쌓이고 있었다.

대학을 졸업한 두 사람은 보수도 없는 채로 대학의 연구실에 머물렀다. 이때쯤 되니 일본에도 가까스로 새로운 학문의 물결이 밀어닥치기 시작했다. 1928년, 니시나 요시오(1890~1951)는 전자와 빛과의 현상, 콤프턴 산란에 대한 '클라인-니시나의 식'을 선물로 가지고 코펜하겐에서 귀국하여, R연구소에 원자핵과 우주선을 연구하는 그룹을 만들고 있었다.

K대학에서는 유카와와 도모나가의 좋은 조력자가 된 사카타, 고바야시, 다케다니 등이 학생으로 공부하고 있었다. 새로운 학문은 낡은 대학에서는 자라기 힘들다. 그에 어울리는 새로운 토양이 필요했다. 니시나를 중심으로 한 R연구소 그룹이 출발하자 도모나가는 그곳에 초빙되어 하코네를 넘었다. 간사이에서는 1933년 O대학이 신설되었다. 기쿠치를 중심으로 한 그룹이 만들어져, 유카와는 교토에서 오사카로 옮겼다. 동과 서로 갈라진 도모나가와 유카와는 새로운 물리학 연구의 실질적인 지도자로 성장했다. 일본에서의 새로운 물리학의 연구가 막을 올린 것이다.

캐치볼

채드윅의 중성자 발견은 원자핵물리 발전의 도화선이 되었다. 하이젠베르크는 양성자와 중성자로 이루어지는 원자핵의 구조를 논하고, 진군나팔을 불었다. 그러나 문제는 어떠했는가? 왜 양성자와 중성자의 집단이 단단한 원자핵을 만들고 있는 것일까? 양성자와 중성자를 결합시키는 힘은 무엇인가?

"양성자는 전기를 갖고 있으나 중성자는 그렇지 않으므로 양성자와 중성자가 결합하는 힘은 전자기력이 아니다. 전자기적이 아닌 힘이 자연의 근본에 있다고 생각하는 것은, 결코 예가 없는 것은 아니다. 이를테면 두 개의 원자핵은 서로 전기적 척력(斥力)을 미치고 있는데도, 수소 원자는 결합하여 수소 분자를 만들고 있다. 이 경우의 결합력도 전자기력이 아니다. 수소 분자를 만드는 힘은 두 개의 원자가 서로 전자를 교환함으로써 생기는 양자역학적인 힘이다. 똑같은 사고방식이 원자핵에도 적용될지 모른다. 그러나 이 경우 무엇이 교환되는 것일까? 알려져 있는 소립자, 즉 양성자, 중성자, 전자(혹은 양전자), 광자 중에서 그 역할을 하는 것은 역시 전자밖에는 없다. 그러나 난처하게도 원자핵 속에는 전자가 존재하지 않는다. 이것이 분자의 경우와 소립자의 경우의 차이다.

힘을 생각할 때 사실은 교환될 입자가 반드시 오랫동안 거기에 있을 필요는 없다. 수소 분자에서는 교환되는 전자는 확실히 거기에 존재한다. 그러나 그렇지 않은 경우도 있다. 이를테면 쿨롱의 힘은 하전입자(荷電粒子)가 서로 광자를 교환하는 결과라고 볼 수 있다. 이 경우, 광자는 하전입자 주위에 오래 머무르는 것은 아니다. 그렇다면 원자핵 내의 힘의 경우에도, 원자핵 속에 전자가 오래 존재한다고 생각하지 않더라도 원자핵 내부에서 순간적으로 전자가 생겼다가 사라지는 것이라고 생각해도 된다. 중성자는 전자를 방출하여 양성자로 바뀐다. 이 전자를 순식간에 다른 양성자가 흡수하여 중성자로 바뀐다. 그 결과를 보면, 중성자와 양성자는 위치를 교환한 것이 되기 때문에 그 둘 사이에 분자의 교환력과 같은 힘이 생길 것이다."

하이젠베르크는 이렇게 생각하여 전자의 캐치볼이라는 안을 제출했다.

하이젠베르크의 주장에 가장 관심을 가진 것이 유카와였다. 그는 핵 내의 결합력의 문제를 이 사고방식에 따라 추진해 보려고 생각했다. 1933년 일본 센다이에서 열린 학회에서 유카와는 중성자와 양성자 사이에서 교환되는 전자에 대해 보고했다. 그러나 이러한 사고방식에는 다소 무리가 있다는 것을 본인도 알아차렸다. 전자도 양성자도 더불어 스핀이라는 고유한 자전 능력을 갖고 있다. 그 값은 어느 쪽도 1/2이다. 아마도 양성자를 닮았을 중성자도 같은 값의 스핀을 가질 것이다. 그렇다면 중성자가 전자를 방출하면, 각운동량 보존의 법칙으로 보아 전자 방출 후의 중성자는 스핀이 0이거나 1이라는 값을 가지므로 양성자로 바뀌었다고는 말할 수 없다. 거꾸로 중성자가 자신과 같은 스핀을 갖는 양성자가 되는 데는 방출하는 전자의 스핀이 0이거나 1이 아니면 안 될 것이므로 현실의 전자에서는 곤란한 것이다. 이것은 스핀의 양이 벡터의 합성 법칙에 따른다는 사실에서 쉽게 알 수 있다.

이 보고를 잠자코 듣던 니시나는 말했다.

"유카와 군의 생각은 매우 흥미롭다. 좀 더 검토할 가치가 있다. 스핀의 문제로 보통의 전자를 들고나올 수 없다면, 스핀이 0이거나 1인 전자를 생각하면 어떤가?"

이것은 대담한 충고였다. 스핀이 0이거나 1을 갖는 전자는 여태까지 아무도 모르는 새로운 입자다. 많은 물리학자가 새로운 종류의 입자를 싫어한다는 것을 그는 충분히 알고 있다. 보통이라면, 새 입자를 생각하는 모험은 하지 않을 것이다. 그러한 분위기 속에서 니시나는 매우 대담한 발언을 한 것이다.

이것은 중대한 힌트였다. 왜냐하면 결국 유카와가 뒤에 제창하게 된 중간자는 스핀이 0인 소립자였기 때문이다. 그러나 유카와는 대담한

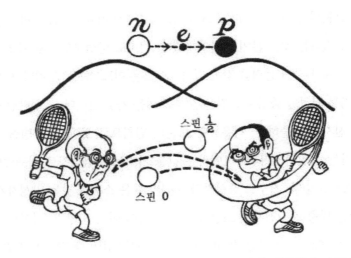

중간자 탄생의 전야 - 양성자(p)와 중성자(n)는 스핀 0 또는 1인 전자(보통의 전자는 스핀 1/2)를
주고받음으로써 서로 끌어당긴다고 생각해도 좋은가?

　"바로 그대로입니다. 그러나 만약 그러한 전자가 있다면, 간단히 실험
실에서 발견되었을 것입니다. 그러나 그런 사실은 없습니다."
　확실히 니시나가 말하는 새로운 전자, 즉 통상의 전자와 거의 같은 질
량을 갖는 소립자가 있다면 그것은 관측되었을 것이다. 그러나 그 입자가
전자와 같은 정도의 질량을 가질 필요는 없는 것이다. 유카와는 이 맹점을
좀처럼 알아차리지 못했다. 역사의 여명(黎明)에는 아직도 거리가 있었다.

1934년이 되자 페르미가 베타선의 이론을 발표했다. 이 이론은 유카와가 생각하던 문제의 결점을 구제할 듯 보였다. 중성자가 양성자로 바뀌고 전자와 중성미자와의 쌍이 발생한다. 거꾸로 전자와 중성미자와의 쌍이 소멸하면 다시금 양성자가 중성자로 될 것이다.

"이러한 사고방식에 따르면, 원자핵 내의 중성자와 양성자가 전자와 중성미자와의 쌍을 서로 교환한다고 볼 수도 있다. 중성미자도 전자처럼 스핀 1/2을 가지면, 전자와 중성미자와의 쌍은 전체적으로 스핀 0이나 1이 된다. 즉 전자만 서로 교환하는 대신에 전자와 중성미자와의 쌍을 서로 교환한다고 고쳐 생각하면, 전에 고민했던 난점은 없어질 것이 아닌가."

유카와는 이렇게 생각하기에 이르렀다. 그러나 이미 그해에 탐과 이바넨코가 앞에서 달려가고 있었다. 그는 깜짝 놀랐다. 마음먹고 있었던 일이 시험되고 있었기 때문이다. 그러나 논문을 읽는 동안에 유카와는 한시름 놓았던 것 같다. 탐에 의하면, 교환력의 크기는 원자핵이 베타선을 발생시켜 다른 원자핵이 되기까지의 시간에 의해 결정되며, 그것은 상당히 작다. 그러므로 얻은 힘은 결국 원자핵을 굳힐수록 강하게 되지는 않는다. 즉 그들의 시도는 완전히 실패다.

"한 번 더 출발점으로 되돌아가서 생각을 고치지 않으면 안 되겠다. 시도해 볼 여지는 아직 충분히 남아 있다."

유카와는 이렇게 느꼈다. 그러나 서두르지 않으면 안 된다. 세계 각처의 물리학자들은 아직은 제자리걸음을 하지만 조만간 해결 방법을 찾아낼 것이다. 누가 먼저 바른 해답에 도달할 것인가….

일본인의 전자

마침내 영광의 날이 왔다. 1934년 가을 간사이 지방을 엄습한 유명한 무로토 태풍이 잠잠해진 어느 날, O대학의 기쿠치 연구실에서는 유카와가 그의 새 이론에 대해서 이야기하고 있었다.

"원자핵이 만들어지고 있는 원인은 양성자나 중성자 등의 소립자 사이에 작용하는 힘, 즉 핵력에 있습니다.

이 힘은 전자기적인 힘이나 만유인력 등과 같은 지금까지 알려져 있는 것보다 훨씬 강한 것입니다. 나는 처음에 이 힘이 생기는 것은 양성자와 중성자 사이에서 전자를 서로 교환한 결과라고 생각했습니다. 이것에는 두 가지 난점이 있었습니다. 하나는 전자의 스핀이 1/2이라는 것에 의한 것이었습니다. 실제로 양성자와 중성자 사이에서 교환할 수 있는 소립자는 스핀이 0이거나 1이 아니면 안 되었던 것입니다. 두 번째는, 가령 스핀이 0이거나 1인 새로운 전자가 있다고 하더라도 그것은 간단히 발견되었어야 할 터인데도 누구도 본 적이 없다는 점입니다.

그런데 매우 간단한 일을 잊고 있었습니다. 그것은 핵력이 원자핵의 크기 이상으로 도달하지 않는다는 사실에서 오는 문제였습니다. 힘의 도달 거리와 교환하는 소립자의 질량과는 반비례합니다. 따라서 이 도달 거리에 들어가는 새로운 전자의 질량은 보통 전자의 200배 정도가 되지 않으면 안 되었던 것입니다.

물론, 새로운 전자도 보통 전자와 같이 플러스나 마이너스의 전기량을 갖고 있습니다. 그러나 그 질량이 아주 크기 때문에 그것을 만들어 내는 데는 1억 전자볼트라는 높은 에너지가 필요하므로 지금까지 발견되지 못했다고 해서 별로 이상할 것이 없었습니다.

핵력은 여태까지의 힘과는 전혀 다른 새로운 성격을 갖고 있습니다. 이것은 지금까지 알려진 소립자만 생각해서는 해결할 수 없다고 생각했습니다. 그리고 핵력의 원인으로 전자의 200배의 질량을 가지고, 양-음의 전기량을 가지며, 스핀이 0인 소립자를 서로 교환하는 것이라는 가정을 도입해 보았습니다. 이것을 중량자(重量子)라 부르기로 합니다."

유카와의 설명은 계속되었다. 그는 돌연히 엄습한 태풍의 자극으로 갑자기 여러 가지 착상이 정리된 듯했다. 그에 의하면, 핵력이 이 중량자의 교환에 의해서 생겨날 뿐만 아니라 베타 붕괴도 중량자를 매개로 해서 일어난다. 즉 중성자는 먼저 양성자로 바뀔 때 중량자를 방출하고, 중량자가 전자와 중성미자로 바뀐다는 것이다. 거기에다 우주선에서도 지구 바깥에서 오는 양성자나 무거운 원자핵이 공중에서 공기 속의 분자와 충돌하면 강한 핵력에 의해 우선 처음에 중량자를 두들겨 낼 것이므로 우주선 속에는 전자에 섞여서 중량자가 엄청 많이 있다는 것이 된다.

마이크로의 세계에 관한 거의 대부분의 자연 현상이 이 중량자를 핵심으로 해서 일어나고 있는 듯한 장대(壯大)한 이론에 참석자들은 가만히 귀를 기울이고 있었다. 이윽고 기쿠치는 말했다.

"하전입자라면 안개상자로서 포착할 수 있겠군요."

그렇다. 중량자가 먼저 검출된다면, 우주선 현상이야말로 그 사냥터가 아니면 안 된다.

"이 이론이 옳다면, 입자는 반드시 우주선 속에서 발견될 것입니다."

유카와는 믿었다. 동료들도 이것을 기대했다.

이리하여 유카와의 중간자론이 태어났다. 유카와의 자신감에도 불구하고, 해외의 물리학자는 이 이론에 거의 관심을 보이지 않았다. 이런 이야기가 있다. 그 무렵, 보어가 일본에 왔다. 유카와는 보어를 만나러 가서 그의 중간자론의 이야기를 하려 했다. 그러나 보어는 한마디로 그것을 일축했다.

"자네는 새로운 입자를 좋아하는가?"

그는 새 입자를 싫어하는 것으로 유명하다. 그러나 그보다도 더 유카와의 이론은 너무나 대담한 모험이었기 때문이다. 더군다나 불운하게도 금방 발견되리라고 생각했던 중간자, 즉 중량자는 우주선에서도 좀처럼 자취를 나타내지 않았다.

중간자론에 있어서의 행운은 2년 남짓 지난 뒤에야 겨우 찾아왔다. 1937년, 양전자의 발견자 앤더슨과 네더마이어(Seth Henry Neddermeyer, 1907~1988)가 우주선 속에서 전자와 양전자의 중간 질량을 가진 새 입자를 발견했기 때문이다.

"이것은 내가 예상했던 중량자가 틀림없다."

곧 유카와는 주장했다. 오펜하이머(John Robert Oppenheimer, 1904~1967)와 더버(Thurber)가 이것과 같은 견해를 피력하여 유카와를 지지했다. 마침내 유카와 이론이 세계 무대로 나온 것이다. 유카와 그룹은 드디어 조촐한 축배를 들 수 있게 되었다. 중간자는 처음에는 여러 가지 이름으로 불렸다. 중량자란 또 하나의 양자, 즉 빛을 경량자(輕量子)라 부를 때 영어의 라이트(Light)를 두 가지 의미로 사용할 수 있는 데서부터 유카와가 자랑스럽게 붙인 이름이다. 그 밖에도 중전자(重電子), μ입자, 유카와 입자, 일본인의 전자, 메소트론(Mesotron), 메손(Meson) 등의 이름이 있다. 파이온(Pion)이라는 현재의 이름은 제2차 세계대전 후인 1947년 영국의 파월(Cecil Frank Powell, 1903~1969)이 발견하여 붙여졌다. 우리나라에서는 파이중간자(π meson)라고 한다. (중간자에는 K중간자, 파이중간자, 뮤중간자 등이 있는데 유카와가 예상했던 중간자는 바로 파이중간자라는 것이 밝혀졌다)

소립자론의 개시

중간자론은 소립자 세계로의 도화선이었다. 지금까지 주어진 경험만으로 어떻게든지 이해하려던 사람들도 그 경험의 배후에 숨겨져 있는 다채로운 세계의 존재를 깨닫기 시작했다. 관측된 자료를 이어나가는 것만이 과학의 일이 아니다. 사실의 배후에 있는 미지의 자료가 때로는 그 이상으로 깊이 경험을 설명하는 것이다.

19세기에 전자기 현상이 관측되었을 때 패러데이(Michael Faraday, 1791~1867)는 현상의 배후에 '장(場)'의 존재를 상상했다. 전자기장은 직접 눈에 보이는 것은 아니나 그것에 의해 전류를 통과시킨 코일에서 발생하는 자기적 작용이 자석에서 일어나는 자기적 작용과 왜 동일한 것인가를 이해할 수 있다. 전류를 통과시킨 코일 주위에 생기는 자기장과 자석 주위에 생기는 자기장이 같기 때문이다. 자기장이란 개념을 이용한다면 여러 가지 현이 한 묶음으로 다루어진다. 같은 자기장이라면 그것을 발생시키는 원인이 다르더라도 같은 결과를 기대할 수 있기 때문이다. 자기장과 전기장은 전자기 현상을 이해하는 기본 개념이 되었다. 모든 전자기적인 힘은 전자기장이 존재하는 결과인 것이다.

양성자와 중성자 사이에 작용하는 힘, 이것은 전자기력과 내용도 다르고 또 그보다도 월등히 강하다. 그러나 그 힘의 배후에도 핵력의 장(場)이라는 장의 개념을 도입할 수가 있다. 즉 그 경우도 전자기장과 비슷한 사고방식을 쓰게 된다. 그뿐이 아니다. 플랑크(Max Karl Ernst Ludwig Planck, 1858~1947)와 아인슈타인(Albert Einstein, 1879~1955)의 노력으로 전자기장은 광자의 집단이라는 것을 알았다. 전자의 집단도 물질파(物質波)의 장, 즉 파동장(波動場)으로서 이해된다. 역으로 말하면 파동장은 생성, 소멸을 반복하는 전자와 양전자의 집단이라고 볼 수 있다. 어떤 힘도 그것에 해당하는 장의 결과인 것이다. 그리고 장은 소립자의 집단이라고 볼 수가 있다. 이러한 일반적인 조리를 대담하게 밀고 나간 것이 중간자론이었다. 원자핵을 단단히 결합하고 있는 힘으로부터 핵력의 장으로 그리고 다시 중간자의 집단이 생각되는 것이다.

핵력은 중간자를 수반하지 않으면 안 되었다. 유카와 이론이 나온 후에는 그것이 지극히 당연한 것처럼 들렸다. 조만간에 세계의 누군가가 같은 결론에 도달했을 것이다. 실제로 유카와와 같은 아이디어를 가진 사람도 몇몇 있었다. 그러나 결론은 콜럼버스의 달걀이었다. 어쨌든 힘과 장과 소립자와의 관련은 이후의 소립자론의 중요한 테마가 되었던 것이다.

중간자는 단시간 내에 붕괴한다. 전자도 양성자도 중성미자도 이와 같은 성질은 갖고 있지 않았다. 예외적인 중성자라 할지라도 15분이란 긴 시간으로 겨우 양성자로 변환한다. 중간자는 수명이 짧아 도저히 그렇게 되지는 않는다. 그런데 소립자가 급속히 붕괴한다는 사실은 중간자에서만 생기는 예외적 현상이 아니었다. 도리어 많은 소립자에는 이편이 일반적인 성격이라는 것을 차츰 알게 된다. 새로운 물리학은 중간자의 탄생을 경계로 하여 거의 반(半)영구적으로 존재하는 입자만을 문제로 삼아왔던 과거의 물리학과 결별(訣別)했던 것이다. 순간적으로만 나타나는 입자를 추적하는 물리학은 허구일까? 그렇다고는 말할 수 없다. 그것에 의해 반영구적으로 존재하는 입자의 성질도 더욱 깊이 이해할 수 있기 때문이다. 중간자의 탄생에 의하여 진정한 의미의 소립자론이 시작되었다고 말할 수 있다.

중간자론의 본맥을 떠나서 생각한다면 유카와 이론이 빛을 보게 된 데에는 상당한 우연이 행운을 가져왔다. R연구소에서 O대학으로 옮겨 간 사카타는 유카와와 공동으로 중간자론 검토에 종사했다. 상대론적 양자역학을 사용하여 중간자론을 정비하는 작업이다. 그런데 놀랍게도 다시 검토한 결과에 의하면 중성자와 양성자에서는 반발력밖에는 얻지 못한다. 이것으로는 양성자와 중성자를 결합해 원자핵을 만든다는 것은 생각조차 할 수 없다. 유카와가 처음에 발표한 이론에서는 중도에서 계산을 잘못해서 유리한 결과를 얻고 있었던 것이다. 그렇다면 유카와의 중간자론은 본질적으로 틀렸던 것일까? 그러나 이런 사실을 깨달은 그해, 이미 우주선 속에서 그와 비슷한 입자가 발견되고 있었다. 세부(細部)는 어찌 되었든 이론의 줄거리는 틀리지 않았다. 그렇다면 해결의 길은 반드시 있을 것이다. 스핀 0의 중간자가 적당치 않다면 스핀 1의 중간자를 생각하면 될 것이다. 유카와의 주위에 모인 사람들 사카타, 다키다니, 고바야시 등은 이렇게 생각하고 이 문제를 해결해 나갔다. 불행하게도 앞서 세상을 떠난 사카타는 죽음의 병상에서 당시를 회상하며 헛소리를 했다고 한다.

"스핀 0의 중간자로는 안 됩니다. 스핀 1의 중간자가 좋을 것 같습니다."

해외에서도 프뢸리히(H. Frolhlich), 하이틀러(Walter Heitler, 1904~1981), 케머(N. Kemmer), 바바(H. Bhabha)가 같은 문제와 대결하고 있었다. 그들은 몇 개의 다른 해답을 내놓았다. 유카와 이론을 구하는 길은 많았다. 그 어느 것이 옳은가? 최종적인 판정이 난 것은 그로부터 훨씬 후인 1951년에 이르러서였다. 그것에 의하면 중간자는 역시 스핀은 0이지만 처음의 예상과는 약간 성질이 다른 것이었다.

우주선의 현상이 명확해지면 우주선 속에서 발견된 입자가 과연 유카와의 중간자인가 어떤가 하는 것이 문제가 된다. 중간자는 양성자와 중성자를 결합시키는 강한 힘의 원인이다. 이것으로부터 말한다면 중간자는 설사 공중에서 발생하더라도 그 같은 힘이 원인이 되어 매우 단시간

내에 공중의 원자핵에 먹혀 버린다. 사용되고 있는 측정 장치인 안개상자로는 그 짧은 시간 동안에 중간자를 포획할 리가 없다. 발견된 입자를 유카와의 중간자라고 생각했던 거의 모든 물리학자는 어째서 앤더슨이 이만큼 수명이 짧은 중간자를 포획할 수 있었는지 도리어 이상하게 생각했다. 후일이 되어서야 겨우 그 이유가 알려졌다. 사실은 앤더슨이 포획한 중간자는 유카와가 예상했던 중간자와는 전혀 다른 것이었다. 그것은 후에 사카타가 예언한 다른 종류의 중간자였다. 정확히 말하면 공중에서는 확실히 유카와 중간자가 발생했으나 그것은 금방 붕괴하여 안개상자에는 보이지 않는다. 그러나 그 결과로 생기는 대역의 사카타 중간자를 안개상자를 통해 볼 수 있었던 것이다. 그러나 유카와가 우주선 속에서 발견될 것이라고 말한 것은 옳았다. 유카와의 중간자가 실제로 확인된 것은 1948년이다.

"중간자론을 발표했던 당시는 아주 자신만만했었다. 그러나 중간자의 존재가 확실한 것이 됨에 따라 나는 점점 회의적이 되었다."

유카와는 회상하고 있다. 그런 사정에도 불구하고 세계의 학계는 중간자를 둘러싸고 움직이고 있었다. 그만큼 중간자는 소립자론에 있어서 중심적인 위치를 차지하는 것이었다.

소풍에서 얻은 수확

1942년의 봄, 일본 나라(奈良)의 와카쿠사산의 잔디 위에서는 몇몇 사람들이 이따금 웃음소리를 내면서 무엇인가 즐겁게 이야기를 나누고 있었다. 지금은 흔히 볼 수 있는 광경이지만 그 무렵, 일본은 제2차 세계대전에 돌입했고 또 그나마도 그날 아침에는 일본이 받은 첫 공습 때문에 전국에 경계경보가 발령되었으므로 소풍을 나온 일행은 사람들의 눈길을 끌었다. 만약 어딘가 이상하다 싶어 그들의 이야기에 귀를 기울인 행인이 있었더라면 그 내용이 엄청나게 난해한 것에 놀랐을 것이다.

일행은 유카와, 사카타, 고바야시, 다니가와, 이노우에 등, K대학과 O대학의 이론물리학자들이었다. 그들은 중간자론의 난문제와 씨름하다가 피로를 풀기 위해 소풍을 계획했던 것이다.

그 무렵 중간자론은 도처에서 장애에 부딪혔다. 중간자가 양성자와 어느 정도의 비율로 충돌하는가를 실제로 측정해 보면 그 해답은 이론에서 예상한 만큼 크지 않았다. 가령 이론대로라면 우주선 속의 중간자는 대기의 상층에서 흩어져 지표까지 충분히 관통해 오지 못할 것이다. 그런데 실제로는 대기를 관통하는 우주선의 성분은 거의 중간자이다. 아마 이론의 어딘가에 결함이 있을 것이다. 이것을 어떻게 해결할 것인가? 그 해답을 발견하려고 도모나가, 고바야시, 우치야마 등이 바바, 하이틀러, 윌슨(Charles Thomson Rees Wilson, 1869~1959), 웬첼 등과 맹렬한 경쟁을 하고 있었다.

그러나 이론에 있어서 그보다도 더 큰 난관이 있다. 중간자가 전자와 중성미자로 바뀌기까지의 시간을 계산하면 관측되는 것보다 100배나 빠르다는 답이 나온다. 이것으로는 중간자가 발생해도 순식간에 소멸해 버리므로 우주선의 측정기로는 보일 리가 없다. 물론 우주선에서 보고 있듯이 중간자가 서서히 붕괴하도록 이론을 조절할 수도 있지만 이렇게 되면 이번에는 원자핵의 힘 쪽이 엄청나게 약해져 버리므로 잘 되지 않는다. 그뿐이 아니다. 우주로부터 오는 원자핵은 핵력의 원인이 되는 강한 상호작용으로 대기 속 원자핵에 충돌하여 대량의 중간자를 발생한다. 중간자가 오래 살아남아 있도록 조절한 결과에서는 문제가 될 만큼 대량의 중간자를 공중으로 방출할 턱이 없다는 대답이 나온다. 중간자의 발생률을 크고 또 천천히 붕괴하도록 한다는 것은 욕심이 지나친 요구다. 어쨌든 모든 현상을 조리에 닿도록 설명한다는 것은 매우 어렵다.

　　이러한 문제에 골머리를 앓고 있었으므로 소풍이 어느새 토론회로 변해 버린 것도 당연한 일이다.

　　사카타가 가장 먼저 이야기를 꺼냈다.

　　"어제 다니가와 군과 이야기를 할 때 그가 말한 것이지만 중간자의 붕괴 수명이 이론적으로 지나치게 짧아진다는 난점을 구제하는 데는 또 하나의 다른 중간자를 가정하는 것이 좋을 것 같습니다. 그 두 종류의 중간자 사이에 상호작용이 있다면 그것은 꽤 특이한 것이 되어 결과가 잘 풀려나갈 것이라고 생각합니다."

　　다니가와가 뒤를 이었다.

두 개의 중간자론 – 유카와 중간자 외에 다니가와는 스핀 0의 중간자를, 사카타는 스핀 1/2의 중간자가 있다고 주시했다

　"요컨대 핵력이 작은 거리에서 특이하게 되어버리는 결점을 제거하기 위해 메러와 로젠펠트는 두 종의 중간자장(中間子場)의 혼합을 생각했는데, 이 방법을 확장해서 사용해 보려고 생각했습니다."

　당시, 핵력에도 난점이 있었다. 중간자론에서 구한 답은 소립자 간의 거리가 짧은 곳에서 강한 특이성을 지나치게 갖기 때문에 그 취급이 어렵다. 메러와 로젠펠트는 스핀 0과 1인 두 세트의 중간자장을 더불어 생각함으로써 각각에서 생기는 특이성을 상쇄시키는 이론을 제창했다. 그들은 두 종류의 중간자를 생각했던 것이다. 다니가와는 그것에 힌트를 얻었다.

"두 종류의 중간자란 각각 스핀 1과 0인 것을 생각하는 셈인데 스핀 1의 중간자 쪽이 질량이 무겁다고 가정하면 스핀 1의 중간자가 스핀 0의 중간자로 붕괴될 수 있습니다. 따라서 핵력 문제의 대부분은 스핀 1의 중간자에게 짊어지게 할 수 있습니다. 즉 유카와 중간자는 스핀 1을 갖는 것이 좋다는 다케다니 씨의 주장대로 하고 우주선에서 볼 수 있는 수명이 긴 중간자는 스핀 0으로 하면 될 것입니다."

유카와는 두 사람에게 힘을 북돋우어 주면서 말했다.

"글쎄요. 나는 그와는 다른 의견을 가지고 있지만 그것도 좋은 생각이군요. 그렇다면 한번 실제로 조사해 보는 것이 어떨까요?"

그는 근본적인 해결을 찾지 않으면 안 된다고 생각했다. 그러나 다른 방법이 있어도 좋은 것이다. 사카타는 다니가와와는 다소 다른 방법을 주장했다.

"어젯밤에 생각해 본 것인데 다니가와 씨는 메러 등과 비슷한 선을 생각했으나 나는 좀 방향을 바꾸는 편이 나을 것으로 생각합니다. 우주선의 중간자는 크리스티와 구사카 씨, 고바야시 씨의 분석 등으로는 스핀이 0이거나 1/2이므로 또 하나의 가능성으로서 우주선의 중간자를 스핀 1/2로 하면 어떨까요? 다시 말해서 핵력의 중간자는 지금대로 해놓고 그것이 우주선 중간자와 중성 입자의 세트로 붕괴한다고 봅니다. 어떻습니까? 이노우에 씨의 의견은?"

사카타는 옆에 있는 이노우에의 동의를 구했다.

"나도 오늘 전차 속에서 사카타 씨에게 들었습니다만 사카타 씨의 생각대로 핵력의 중간자가 한쪽에서는 양성자-중성자의 세트와 다른 쪽에서는 우주선 중간자와 중성 입자의 세트와 같이 언제나 스핀 1/2의 입자와 상호작용을 하여 심미적이고 좋으리라고 생각합니다."

우주선 속 중간자의 분석을 하던 고바야시는 다소 걱정스러운 듯이 질문했다.

"그러나 그렇게 하면 우주선 중간자가 붕괴할 경우 상대는 전자와 중성미자뿐만 아니라 스핀 1/2의 중성 입자가 방출되는 것이 되겠군요?"

사카타가 받는다.

"그렇습니다. 그래서는 곤란합니까? 이를테면 그 중성 입자는 매우 가볍다고 보고요."

"그것도 재미있을지 모르겠군. 사카타 씨는 베타선의 현상은 중간자를 통해서 일어난다고 생각하기보다는 페르미의 이론으로 좋다는 의견이므로 우주선 현상만 잘 설명된다면 다른 것은 별로 이의가 없을 것이다. 어쨌든 두 가지 다 좋은 의견이니까 분담해서 해 보는 것이 어떨까? 사카타 씨와 이노우에 씨는 스핀 1/2의 우주선 중간자의 경우를, 다니가와 씨는 스핀 0의 우주선 중간자의 경우를 담당하기로 하지."

유카와는 최종적인 결론을 내렸다. 이렇게 해서 나라에서의 소풍은 뜻하지 않았던 수확을 얻게 되었다. 다니가와와 사카타에 의해 두 개의 중

2개 있었던 중간자 – 파이(π)가 뮤(μ)가 되고, 뮤가 또 전자(e)로 붕괴한다

간자론이 태어난 것이다. 과연 중간자는 두 종류가 있는 것일까? 그들의
스핀값은 얼마일까? 또다시 도전이 시작되었다.

열쇠의 손잡이

중간자론의 혼란을 푸는 실마리, 두 중간자론은 전쟁으로 완전히 정보가 두절된 시대에 일본에서만 착상된 것이었다. 해외의 물리학자는 알지도 못한 일이었으나 일본의 물리학자들은 평화로운 시대가 돌아오면 그 이론이 검증될 수 있기를 희망하고 있었다. 전쟁이 끝났다.

이윽고 1947년, 이탈리아의 콘베르시(M. Conversi), 판치니(E. Pancini), 피치오니(O. Piccioni)는 우주선의 실험에서 놀라운 사실을 발견했다. 우주선 속 음전기를 갖는 중간자가 물질 속에 정지하면 급속히 원자핵에 흡수된다는 1940년의 도모나가와 아라키의 계산 결과와 달리, 그것들이 흡수되지 않고 붕괴한다는 것을 발견한 것이다. 중간자가 흡수되지 않고 얼마만큼 붕괴하는가를 페르미와 텔러(Edward Teller, 1908~2003)가 구했던 바 이론과 실험 사이에는 1조 배라는 차이가 있었다. 이것은 분명히 우주선의 중간자가 유카와가 예언했던 중간자와는 서로 다르다는 것을 말한다. 그러나 그것만으로 중간자에 두 종류가 있다고 속단할 수는 없다.

그러나 2중간자론의 정당성을 결정짓는 데는 그다지 시간이 걸리지 않았다. 영국의 우주선 연구 그룹이 원자핵용 사진 건판의 기술을 개발했기 때문이다. 남미 볼리비아의 안데스산맥 꼭대기에 설치된 원자핵 건판을 검토하던 파월, 오키알리니(C. P. S. Occhialini), 라테스(Cesar Lattes) 세 사람이 1947년에 열쇠의 손잡이처럼 생긴 입자의 비적(飛跡)을 발견했다. 이것은 어떻게 생각해도 두 개 모두 전자보다 무거운 입자의 비적이다.

두 입자 중 보다 무거운 중간자가 가벼운 중간자로 붕괴하는 것이다. 그들은 무거운 쪽을 파이(π)중간자, 가벼운 쪽을 뮤(μ)중간자라고 이름 지었다. 파월은 중간자에 두 종류가 있다는 것을 세계에서 처음으로 알았다고 생각했다.

미국의 마삭(R. E. Marshak)과 베테(Hans Albrecht Bethe, 1906~2005)는 이 소식을 듣고 그들의 2중간자론을 제창하고 또 로마 그룹의 실험도 설명했다. 일본에서는 마삭 등의 논문을 통해서 파월이 두 개의 중간자의 존재를 확인한 사실을 알았던 것이다. 이 뉴스에 대한 일본에서의 수용 태도는 해외의 경우와는 달랐다. 사카타와 다니가와의 이론이 5년이나 앞서 나와 있었기 때문이다. 확실히 일본의 2중간자론은 한발 앞서 있었다. 그러나 세 가지 형태의 2중간자론이 나온 시점에서 최후의 우열을 판가름하는 것은 이론의 미세한 차이인 것이다. 어느 2중간자론이 좋은가를 조사하는 차분한 일에 다케다니와 나카무라 등이 달라붙었다. 그리하여 가장 아름다운 형태를 취한 사카타와 이노우에의 우주선 중간자인 스핀 1/2로 하는 2중간자론이 살아남게 되었다.

중간자론에 있어서 또 하나의 기념할 만한 날이 그 이듬해인 1948년에 왔다. 전쟁 중에 건설이 중지되었던 캘리포니아의 184인치(약 4.67m) 싱크로사이클로트론이 그해에 운전을 시작했다. 파월과의 공동 연구로 얻은 원자핵 건판의 기술을 가지고 브라질의 라테스가 3억 전자볼트의 에너지를 가진 양성자를 물질에 타격하는 기계에 도전했다. 그리고 1주일 후 가드너와 라테스는 건판에 찍혀 나온 열쇠의 손잡이 모양을 한 중간자의 비적을 감개무량하게 바라보고 있었다. 마침내 중간자는 인간의 손에 의해 창조된 것이다. 건판에는 유카와가 예언했듯이 양성자가 원자핵을 타격한 결과 발생한 핵력중간자(核力中間子)가 있었다. 그리고 핵력중간자의 비적 끝에서 사카타가 이야기했던 대로 우주선 중간자의 긴 비적이 선명하게 나타나 있었다.

거울 뒤에는 이쪽과는 다른 별개의 세계도
있을 수 있다고 말하는 양진녕

제5장
새 입자의 출현

새로운 소립자가 뜻하지 않게 나타났다.

그리고 일본의 젊은 물리학자들의 노력이 열매를 맺었다.

그러나 새 입자의 수수께끼는 다시 새로운 수수께끼를

낳았다. 거울 속의 세계는 다르게 되어 있다.

불청객

1951년의 여름, T대학의 어느 연구실은 온도계가 터져나갈 만큼 열기에 차 있었다. 한여름인 탓도 있지만 그 이상으로 열기를 띤 토론이 계속되었기 때문이다. 모인 사람들은 대개가 20대의 젊은 '이론물리학자'들이었으므로 더위 따위는 안중에도 없었다. 하물며 지금 씨름하는 문제는 굉장히 매혹적이라 아무도 자리를 뜨려는 사람이 없다.

문제는 새로 발견된 소립자에 관한 것이었다. 1947년, 우주선 연구자 로체스터(G. Rochester)와 버틀러(C. Butler)는 안개상자에 뛰어드는 우수선 속에 V자형의 비적 두 사례를 발견했다. 아무리 보아도 여태까지 알려진 어떤 소립자의 비적과는 달랐다. 이 보고를 읽은 사람들은 기묘한 느낌은 받았지만 일의 중대성을 깨닫기에는 다소 시간이 필요했다. 그동

안 각처의 우주선 연구자는 연달아 새로운 발견을 보고했다. 그로부터 2년 후에 파월 팀은 전자의 약 1,000배의 질량을 갖는 것으로 생각되는 하전입자가 세 개의 파이(π)중간자로 바뀌어 있는 현상의 한 예를 발견했다. 1950년이 되자 앤더슨 팀은 V자형을 34예, 이듬해에 파월 팀은 43예라는 발견을 누적한다. 이제 새 현상은 움직일 수 없는 것으로 되었다.

그때까지 소립자는 전자, 광자, 양성자로부터 출발해서 중성자, 중성미자, 파이중간자, 뮤중간자로 그 종류를 늘렸다. 이제는 이쯤에서 멈춰주었으면 하고 생각하는 물리학자에게 새로운 종류의 소립자 비슷한 것의 발견은, 마치 불청객이 찾아온 것과도 같은 것이었다. 그러나 희망과는 달리 그것은 부정할 수 없는 사실이다.

우선 새 종류의 입자는 지금까지 알려진 소립자를 복합(複合)한 것이 아닐까 하는 주장이다. 후지모토와 미야자와는 양성자나 중성자 등의 소립자에도 원자나 원자핵처럼 자극으로 생기는 여기상태(勵起狀態)가 있으며 새 소립자가 그것이 아닐까 하고 생각해 보았다. 소립자가 어떤 원인으로 비정상적인 매우 높은 에너지를 가지는 수도 있다고 생각되기 때문이다. 그러나 그것으로는 결정적으로 설명할 수 없는 점이 있다.

새 소립자(줄여서 새 입자)는 중간자의 경우와 아주 흡사한 행동을 나타냈다. 그것들은 파이중간자와 거의 같은 정도로 "꽤 대량으로 발생한다." 그런데도 불구하고 뮤중간자와 비슷하게 "천천히 붕괴한다." 여기상태설을 취하면 대량으로 생성되는 것은 설명할 수 있어도 그들의 상태는 순식간에 안정상태로 돌아가 버린다. 즉 금방 붕괴하여 도저히 안개상자로 측

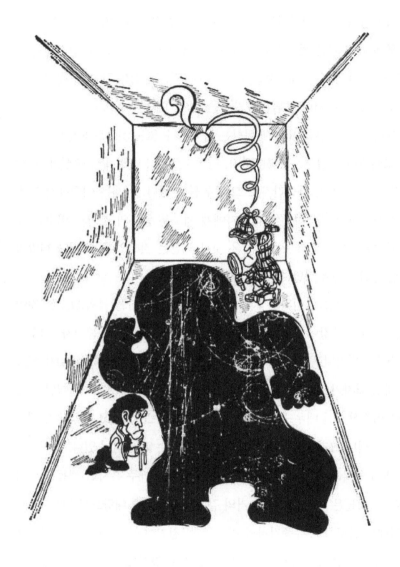

생과 사의 수수께끼 – 새로운 종류의 입자는 발생과 붕괴에서 전혀 다른 얼굴을 보이고 있다

정할 수 있을 만한 시간이 없다. 따라서 새로운 종류의 소립자라고 생각하는 것이 좋을 듯 보인다. 그렇다고 하더라도 발생과 붕괴와의 차이는 어떻게 생각하면 좋을까?

문제는 사카타-다니가와의 2중간자론의 경우와 아주 닮은 듯이 보인다. 그러나 2중간자론이 성공한 방법, 즉 파이중간자가 생기고 뮤중간자가 유산을 받아 오래 산다는 부자(父子) 관계의 사고방식은 이 경우에는 쓸수가 없다. 충돌해서 새 입자를 낳는 양친의 입자도, 양성자나 파이중간자라면 태어난 새 입자가 다시 붕괴해서 생기는 입자도 양성자나 파이중간자인 동일 인물이 틀림없기 때문이다. 2중간자론은 말하자면 알리바이의 일부가 깨져서 해결된 것이었으나 이번의 경우는 완전한 밀실에서의 살인 사건과도 같다.

이 새로운 퍼즐을 이번에는 자신이 해결해 보이겠다고 모여든 젊은 학자들은 모두 야심만만했다.

짝수와 홀수

어떤 문제에 당면하면 회의파(懷疑派), 신중파(愼重派), 모험파(冒險派)의 3자가 생긴다. 과학을 창조하는 것은 인간이므로 연구자의 개성이 나타나는 것은 당연하다.

아이즈-기노시다 팀은 회의파를 대표한다.

"이런 문제가 일어나는 것은 현재의 우리의 이론이 정밀 계산을 할 때

답이 무한대가 된다는 결함을 가지고 있기 때문이다. 만약 완전한 이론이 나온다면 그때 문제는 모조리 없어질 것이다."

과연, 새 입자가 붕괴하는 현상의 일부를 계산하면 확실히 무한대의 답이 나온다. 질문이 나왔다.

"그러나 간단한 계산으로 크기를 주어도 역시 지나치게 빨리 붕괴되어 버린다는 답이 나오는데."

"그런 계산은 믿을 수가 없다. 정확하고 정밀한 계산을 해서 장래에 어떤 이론을 세우면 되는가를 생각하는 것이 현명한 일이다."

그들은 처음에 무한대의 답을 갖는 계산 결과를 제시한 다음 무한대의 항은 장차 없어진다고 해서 그 항을 삭제했다. 그러자 나머지 부분에서부터 산출한 붕괴 수명이 관측과 일치할 만큼 길어졌으니까 이상한 일이다. 누군가가 중얼거린다.

"마치 요술 같군. 지우개로 지우면 답이 희망한 대로 나오니 말이다. 그러나 가령 장래의 이론에서 무한대의 항이 유한하게 되더라도 그것이 제로가 된다는 보증은 없지 않는가?"

후지모도-미야자와 팀은 꽤 신중하다.

"새 입자는 핵자(核子)의 여기상태라고 생각하는 우리의 이론에서는 수명이 극단적으로 짧아진다. 그러나 만약 소립자나 여기상태를 기술(記述)하는 양(量) 중에서 아직 우리가 알지 못하는 것이 빠져 있고 그 양의 변화의 차이가 반응을 컨트롤한다면 여기상태는 그 컨트롤에 의해서 핵자에 좀처럼 파괴되지 않는 경우도 있을 것이다. 그러니까 좀 더 관측 사례를 쌓아올려서 이것들 전체를 지배하는 규칙성을 찾아야 할 것이라고 생각한다."

"그렇다면 그런 미지의 양의 컨트롤을 생각함으로써 지금의 이론에서 얻은 결과와 완전히 다른 답이 나와 긴 수명을 설명할 수 있을까?"

"그것은 알 수 없는 일이야. 실험도 고정되었다고는 생각되지 않아. 어쩌면 이론에 부합할만한 실험값이 더욱 짧아질지도 모른다. 세세한 수치를 너무 심각하게 생각하는 것은 이르지 않을까?"

확실히 그들의 말에도 일리가 있다. 그 시점에서는 아직 새 입자의 현상에 대한 전모가 드러나지 않았으니 말이다.

"그러나 우리는 모든 것이 끝날 때까지 기다리고 있을 수는 없다. 아는 사실을 발판으로 삼아 비약해야 한다. 그것이 이론의 임무다."

난부(1921~2015), 야마구치, 니시지마 팀과 오네다는 이런 모험을 시도하고 있었다.

"새 입자를 포함시키면 소립자 상호 간의 교섭 방법에는 여러 가지가 떠오르며 그 점이 2중간자론의 경우와는 다르다. 2중간자론의 출현까지는 양성자, 중성자와 파이중간자의 조합은 한 종류밖에 생각되지 않기 때문에 상호작용의 다양성을 생각한다면 중간자의 종류를 변화시키는 도리밖에 없었다. 그러나 지금은 사정이 달라서 여러 가지 종류의 새 입자가 있다. 따라서 이런 방법을 생각할 수 있다. 발생에서는 새 입자가 쌍으로 나타난다고 보고, 생성된 새 입자는 따로따로 붕괴한다고 생각한다. 그렇게 하면 발생과 붕괴의 구조를 전혀 별개의 것으로 볼 수 있으므로 곤란한 문제가 해소될 것이다."

"과연 그럴듯하군. 그러나 새 입자가 쌍으로 생긴다는 증거가 있는 가?"

"확실히 그런 관측 사례는 없으니까 이것은 어디까지나 큰 가정이다. 그러나 현재로는 그것을 부정할 증거도 없다."

건판으로 관측되는 것은 모두 새 입자의 붕괴 상태이며 거기에 새 입자는 한 개밖에 등장하지 않는다. 그들 새 입자가 발생한 장소는 건판으로부터 비어져 나와 있다. 그들은 그 보이지 않는 지점에서 새 입자가 쌍을 이루어 발생한다는 모험을 하고 있던 것이다.

그러나 그 모험으로부터는 가장 무리가 없는 결과를 이끌어 낼 수 있다. 그것이 강점인 것이다.

태평양을 건너 프린스턴 고등 연구소에서는 정보에 빠른 파이스(A. Pais)가 일본의 젊은 물리학자의 결론을 알았다.

"이것이다. 쌍발생이 새 입자의 수수께끼를 푸는 열쇠다."

파이스는 모든 새 입자에는 1의 수를 할당하고 종전부터 발견되어 있던 옛 입자, 즉 양성자, 중성자, 파이중간자에는 0의 수를 할당했다. 지금 두 개의 옛 입자의 충돌로부터 두 개의 새 입자가 쌍으로 생성되고 있다면 할당된 수의 합은 짝수가 된다(0이 두 개, 1이 두 개). 붕괴는 새 입자 한 개로부터 두 개의 옛 입자가 생성되므로 할당된 수의 합은 홀수가 된다(0이 두 개, 1이 한 개). 거기서 할당한 수의 합이 짝수일 때 소립자의 교섭은 발생 때처럼 강한 것이 된다고 보며, 역으로 그것이 홀수일 때 교섭은 약하고 붕괴 시간이 길어지도록 이론을 만들면 된다. 파이스는 이렇게 생각했던 것이다. 파이스의 1952년의 제안은 '우기성법칙(偶奇性法則)'이라 하여 유명해졌다. 그러나 그 힌트는 일본에서 나왔다고 할 수 있다.

가공의 세계

새 입자는 1953년이 지나자 겨우 명확한 모습을 드러내어 일본의 쌍발생 이론과 파이스의 우기성 이론이 많은 사람의 관심을 끌었다. 그러나 우주선의 데이터로는 결론을 내리기에 너무도 부족했다. 역시 인공적인 새 입자를 만들어 조사하는 수밖에 없었다. 새 입자의 추구는 가속기에 넘겨졌다. 기대했던 가속기 코스모트론(Cosmotron)이 등장했기 때문이다.

그해 일본에서 개최된 국제회의에서는 새로 등장한 코스모트론에 의한 새 입자 현상의 분석 결과가 화제를 불러일으켰다. 일본의 젊은 그룹도 외국에서 출석한 파이스도 처음에는 자기들의 이론이 성공했다고 기뻐했다가 나중에는 전혀 쓸모가 없게 된 것을 알고 크게 의기소침했던 것이다.

실험 결과로 많은 새 입자가 쌍이 되어 발생한다는 것이 확인되었다. 쌍발생의 이론은 옳았다. 그러나 실험은 또 어떤 종류의 새 입자가 다시 다른 새 입자로 붕괴한다는 데이터도 제공했다. 그 데이터는 새 입자가 붕괴하는 메커니즘에 대하여 쌍발생 이론과 우기성 이론에 미비한 점이 있다는 것을 시사했다. 새 입자가 양성자나 파이중간자로 붕괴할 뿐이라면 새 입자는 한 개에만 관계하므로 발생과는 다른 기구를 생각하게 된다. 그러나 새 입자가 새 입자로 붕괴한다는 경우에는 새 입자가 쌍을 이루어 관계한다는 것과 같으므로 이것과 발생을 쌍발생 이론이나 우기성 이론으로 구별하여 생각할 수는 없는 것이다. 즉 다시 말해서 그들 이론으로는 이 새 입자의 수명이 길어진다는 것이 설명되지 않는다. 캐스케이드(Cascade) 입자라고 불리는 이 기묘한 입자 덕분에 두 개의 이론은 어쨌든 처음부터 다시 시작해야 했다.

재출발이 시작되었다…….

니시지마는 쌍발생 이론의 결과를 정리하면서 파이중간자와 양성자와의 충돌에서 주목한 '아이소스핀(Isospin)'을 사용하여 새 입자의 발생과 붕괴를 설명해 보려고 했다.

원자핵 내의 양성자와 중성자의 거동은 매우 닮아 있다. 대개의 경우는 거의 구별 없이 한 묶음으로 하여 다루는 편이 편리하게 보인다. 이런 목적에서 하이젠베르크는 아이소스핀을 생각해 냈다. 스핀은 현실의 공간에서 소립자 고유의 회전을 나타내는 양이다. 아이소스핀이라는 비슷한 이름을 쓴 것은 가공의 세계를 가정하고 거기서의 회전을 나타내려 했기 때문이다. 가공의 세계, 즉 아이소 공간에서 양성자는 우회전, 중성자는 좌회전 상태를 갖는다고 약속한다면 그 두 종류의 소립자는 아이소스핀 $1/2$을 갖는 한 종류의 소립자, '핵자(核子)'로서 다룰 수 있다. 즉 양성자는 입자의 아이소스핀 성분이 $+1/2$인 상태, 중성자는 $-1/2$의 상태로 볼

중성자

우회전

좌회전

지상에도 천상(가공 세계)에도 팽이가 있다 - 양성자와 중성자의 차이는 핵자가 갖는 가공 세계의 팽이의 회전 방식의 차이뿐이다

수 있다. 그렇게 하면 원자핵 내에서는 핵자라는 소립자만 생각하면 된다. 하이젠베르크가 아이소스핀을 생각해 냈을 때 그것은 형식적인 편법이었다. 양성자와 중성자만 생각할 동안에는 아이소스핀은 그다지 중요한 것이 아니다. 파이중간자가 등장하고 그 거동이 조사됨에 따라서 이 사정이 일변한다. 파이중간자에는 플러스, 제로, 마이너스의 전기량을 갖는 세 종류의 것이 있다. 핵자와 마찬가지로 파이중간자에도 아이소스핀

의 사고를 적용하여 세 종류의 다른 회전 상태가 있다고 보고, 그 아이소스핀을 1이라고 생각한다. 즉 그 성분으로서 +1, 0, -1이라는 세 개의 값이 가능하므로 이것을 플러스, 제로, 마이너스의 중간자에 할당한다. 실험 결과를 조사해 보면 핵자와 파이중간자와의 상호작용은 스핀을 포함한 각운동량이 보존되듯이 가공의 세계에서 회전의 각운동량으로 간주되는 아이소스핀도 보존된다고 본다. 이렇게 되면 소립자에 대해 현실 세계뿐만 아니라 가공의 세계의 행동을 관찰하는 것도 또 하나의 중요한 문제이다.

"새 입자의 발생이 파이중간자 발생의 경우와 마찬가지로 많다면 새 입자의 발생 기구에서 아이소스핀이 중요한 역할을 할 것이 틀림없다."

니시지마는 이렇게 생각하고 아이소스핀을 쌍발생의 이론과 결부시키려고 노력하는 동안 여러 가지로 중요한 것을 깨달았다.

"새 입자를 대별하면 핵자보다 무거운 것과 가벼운 것이 있다. 전자는 로체스터(G. Rochester) 등이 발견한 V자형의 비적이고, 후자는 파월이 발견한 세발형(三足型) 비적을 갖는 것이다. V자형의 새 입자는 핵자와 성질이 비슷하지만 전기량이 플러스, 제로, 마이너스로 세 가지이므로 아이소스핀은 핵자의 1/2과 달리 1로 생각된다. 그런데 새 입자가 발생할 경우 파이중간자가 핵자에 충돌해서 새 입자의 쌍이 된다면 가공 세계의 아이소스핀이 보존될 필요에 의해 V자형의 새 입자와 세트가 되는 것은 세발형의 새 입자이며, 그 아이소스핀은 1/2일 것이다. 이와 같이 검토해 나가면 여러 가지 새 입자가 갖는 아이소스핀이 정해진다. 소립자의 현실 세계에서의 거동보다는 가공 세계에서의 거동 쪽이 간단하다. 게다가 아이소스핀은 소립자가 갖는 전기량과도 관계하고 있으므로 관측에 의해 전기량의 유무를 알면 아이소스핀의 결정에 증언을 줄 수 있다."

이런 점에 착안한 그의 생각은 정확했다.

기묘한 입자

"이상하다. 전기량이 보존되지 않다니."

니시지마는 이렇게 중얼거리면서 다시 한번 생각했으나 역시 같은 결론에 도달했다. 그는 입자의 아이소스핀을 생각했다. 아이소스핀과 전기량 사이에는 간단한 관계가 있다. 그 관계를 사용하면 우기성법칙을 고쳐 쓸 수 있고 캐스케이드 입자에 대한 문제도 없어지게 될지 모른다.

"이렇게 하면 어떨까? 세발형과 V자형을 따로따로 생각해 본다면."

나카노가 거들고 나섰다. 그도 아이소스핀에 대해 여러 가지로 노력하던 참이었다. 국제이론물리학회가 끝나고도 O시립대학의 연구실에서는 열심히 토론이 계속되고 있었다.

마침내 나카노와 니시지마는 1953년에 새 입자를 포함하는 소립자의 모든 현상의 특징을 지배하는 법칙을 완성했다. 그것은 핵자와 V자형 새 입자를 1로 하고 그밖에 소립자를 0으로 하는 수의 법칙과 V자형 새 입자와 세발형 새 입자를 각각 −1과 +1로 하고 핵자와 파이중간자를 0으로 하는 별개의 수의 법칙으로 성립되어 있다. 최초의 수는 소립자의 현상 전후에서 언제나 일정하게 유지된다. 즉 핵자는 반응을 일으켜서 같은 것이 되든가 V자형 새 입자가 되든가 하는 것 외에는 변하지 않는다. 제2의 수가 발생과 붕괴를 구별한다. 발생에서는 이 수가 일정하게 유지되고 붕괴에서는 그것이 변하는 것이 된다. 즉 파이스의 짝수-홀수와 같은 역할을 한다. 같은 해에 미국에서는 겔만(Murray Gell-Mann, 1929~2019)이 동일한 결론에 도달했다.

세계의 사람들은 아직도 이 새로운 법칙을 인정하려 하지 않았다. 예의 캐스케이드 입자가 새 입자로 붕괴하는 사실을 이 법칙은 아직 설명하지 못한다고 생각했기 때문이다. 확실히 세 사람이 적용한 제2의 수는 캐스케이드 입자의 붕괴에서도 일정하게 유지되고, 이 붕괴와 새 입자의 발생을 구별하지 않는 듯 보인다. 이것으로는 쌍발생 이론이나 우기성 이론과 다를 바가 없지 않은가?

2년 후, 니시지마는 그 해답을 찾아냈다. 답을 발견한 후에는 콜럼버스의 달걀과 같은 것이었다. 전에 생각했던 제1의 수로서 캐스케이드 입자에도 마찬가지로 1을 할당했다. 새 발견은 이 입자에 제2의 수로서 −2를 준 데에 있었다. 제2의 수를 캐스케이드 입자에 대하여 −2로 한다는 것은 좀처럼 생각하지 못했던 일이다. 단순히 짝수, 홀수로는 해결되지 못한다는 점에서 수를 할당하는 이득이 생겼다. 맹점이 된 것은 캐스케이드 입자가 보통 소립자로부터 역시 쌍으로 발생한다고 생각한 점이며, 그 때문에 다른 새 입자와 구별하려 하지 않았기 때문이었다. 캐스케이드 입자는 다른 새 입자를 핵자에 충돌시켰을 때 비로소 쌍으로 발생한다. 캐스

문제는 대략 풀리는데 – 전기량(Q), 아이소스핀 성분(I_3), 중입자의 수(N), 기묘도(S) 사이의 관계는 대체로 고르게 나타난 새로운 입자에 잘 부합되며 또한 기묘도는 발생과 붕괴를 잘 구별한다

케이드 입자가 우주선 속에서뿐만 아니라 새 입자가 많이 발생하는 가속기에 의해서 발견된 데는 충분한 이유가 있었다. 우주선에서는 새 입자를 만드는 것이 고작이다. 그러나 가속기라면 새 입자가 많이 집합해서 생성되므로 새 입자에서 새 입자가 생기는 일도 일어나기 때문이다.

나카노, 니시지마, 겔만이 생각한 제1의 수는 '중입자(重粒子)의 수', 제2의 수는 '기묘도(奇妙度, Strangeness Number)'라고 불리게 되었다. 그리고 이 세 사람의 아이디어는 "중입자의 전기량은 그 아이소스핀의 성분값에 중입자 수와 기묘도의 합의 절반을 가하여 얻어진다."라는 법칙으로 정리되었다. 어떤 현상이라도 중입자 수의 총계는 일정하게 유지되며 기묘도의 총계는 발생 현상에서는 변하지 않고 붕괴 현상에서는 크기가 1만 변한다.

새 입자가 거의 다 나타났다. 캐스케이드 입자는 크사이(Ξ), V자형 새 입자는 시그마(Σ)와 람다(Λ), 그리고 세발형 새 입자는 K중간자라 부르게 되었다. 크사이, 시그마, 람다는 핵자와 마찬가지로 중입자 수 +1을 가지고 있다. 그러나 이 새 입자는 핵자나 파이중간자와는 달리 모두 기묘도를 가지고 있으며, 그 기묘도는 크사이는 -2, 시그마와 람다는 -1, K중간자는 $+1$이다.

나카노―니시지마―겔만의 법칙을 이미 발견한 새 입자와 견주어 보면 미지의 소립자가 등장한다. 문제가 된 크사이 입자는 음의 전기량을 가지므로 아이소스핀을 더욱 작게 취하면 1/2이고 그 성분값은 $-1/2$이 된다. 그렇다면 아이소스핀의 성분값이 $+1/2$이 되는 크사이 입자가 있을 것이며, 그것은 중성의 크사이 입자가 될 것이 틀림없다. 1959년 앨버레즈 팀은 양성자 가속기 베바트론(Bevatron)을 사용하여 처음으로 중성 크사이 입자의 존재를 포착했다. 공식은 이제 완전히 의심할 여지가 없는 것이 되었다.

물리학자들은 처음에는 불청객으로만 여겨왔던 새 입자를 10년에 걸쳐 가까스로 접대하는 매너를 갖추게 된 것이다. 새로운 종류의 소립자에 대한 지식은 이리하여 한 단계 올라섰다.

10달러의 내기

두 사람의 고명한 학자가 10달러 내기를 할 판국이 되었다. 그들은 1955년 어느 날 뉴욕에서 프린스턴으로 가는 열차에 함께 탔다. 잡담은 어느새 전문적인 이야기로, 특히 그들이 현재 가장 관심을 가지고 있는 문제로 옮겨갔다.

"새 입자의 문제도 초점이 확실해지고 있는 것 같은데. 나카노-니시지마-겔만의 법칙도 아직은 문제가 있지만 대체로 올바른 점을 잡고 있지 않은가."

"그렇겠지. 그러나 캐스케이드 입자의 문제도 있고 타우(τ)와 세타(θ)의 일이 마음에 걸리는 걸."

"과연 그래. '타우와 세타의 수수께끼', 그건 재미있군. 그런데 자네는 그것에 대해 어떻게 생각하지?"

새 입자의 현상 가운데는 기묘한 수수께끼가 남아 있었다. 새 입자를 발견한 우주선 연구자들은 충실하게 건판의 비적을 분류하여 그것들이 붕괴하는 상태로부터 새 입자에 이름을 붙였다. 즉 사람으로 치면 일종의 계명(戒名)이다. V자형에는 1번부터 4번까지 번호를 붙이고, 세발형과 비슷한 것에는 타우(τ), 타우 프라임(τ'), 세타(θ), 카파(κ), 케이 뮤(K_μ), 케이 베타(K_β) 등 여섯 종류의 이름을 부여했다. 타우와 세타를 예로 들면 타우는 세 개의 파이중간자로 붕괴하는 세발형의 비적을 가진 새 입자인데, 세타는 두 개의 파이중간자로 붕괴하여 두 발의 비적을 가지고 있으므로 그 붕괴하는 비적이 서로 다르다. 거기에다 발생하고 나서부터 붕괴할 때까지의 수명도, 그리고 질량도 다른 것처럼 보인다. 즉 이름의 수만큼 종류가 다른 새 입자가 많이 있는 것 같다.

그런데 관측 사례가 많아지고 분석이 진행되자 핵자보다 가벼운 여섯 종류의 새 입자는 수명도 질량도 점점 서로 비슷해져서 나중에는 거의 차이가 없게 되어 버렸다.

"질량과 수명이 완전히 같은 소립자가 여섯 종류나 있다는 것은 무엇일까? 도대체 자연계에 이와 같은 낭비가 있을 수 있을까?"

이런 의문을 가진 사람들은 한 종류의 새 입자가 여섯 가지의 다른 붕괴를 한다는 주장을 막연히 믿기 시작했다. 그 시점에서 한 종류의 새 입자설을 믿은 사람들은 다음에 일어날 큰 문제의 출발선에 정렬해 있었다. 그러나 그들 대부분이 본격적으로 한 종류설로 결단할 수 없을 만한 사정이 거기에 있다.

"잘 알고 있는 일이지만 문제를 확실히 하기 위해 되풀이하겠다. 소립자를 기술하는 함수는 상대성이론의 로렌츠 변환으로 어떻게 달라지는가에 따라 구별된다. 그 밖에 거울에 비쳤을 경우, 즉 공간의 좌우의 반전(反轉)으로 어떻게 되는가와 또 필름을 거꾸로 돌렸을 경우, 즉 시간의 역전이나 입자와 반입자와의 반전의 결과 등으로 여러 가지로 분류되고 있다. 공간의 좌우 반전에 대한 성질은 패리티(Parity)라고 부르며, 좌우의 반전으로 형태가 변하지 않는 것, 즉 공간의 좌와 우를 구별하지 않는 것을 패리티가 플러스, 그렇지 않은 것을 마이너스라고 한다. 어쨌든 원자핵 변환과 소립자 현상에 없어서는 안 될 양이라고 생각해 왔다. 소립자 현상에서는 반응 전후에는 패리티의 곱이 변하지 않는다고 생각되므로 더욱 그러하다.

그런데 파이중간자는 마이너스의 패리티를 갖고 있다. 타우는 세 개의 파이중간자로 붕괴하므로 마이너스의 패리티를 가지고, 세타는 두 개의 파이중간자로 붕괴하므로 플러스의 패리티를 갖는다. 따라서 패리티를 구실로 삼는다면 설사 같은 질량과 수명을 가진다고 하더라도 타우와 세타가 동일한 종류의 소립자라고는 말할 수 없다. 타우와 세타가 같은 소립자냐, 아니냐 하는 것이 수수께끼라는 사실이 문제인 것이다. 그러나 나는 타우와 세타는 역시 다른 소립자라고 생각한다."

"그러나 패리티를 제외하면 나머지는 질량도 전기량도 스핀도 모두 흡사하다. 패리티는 그렇게 자연을 지배하는 양일까? 나는 의문으로 생각하네."

타우와 세타의 싸움 - 세타(θ)는 두 개의 파이(π)중간자로, 타우(τ)는 세 개의 파이로 변하지만, 파이의 패리티는 마이너스인 데 반해 세타의 패리티는 플러스, 타우의 패리티는 마이너스로 된다……?

"그렇지는 않아. 패리티가 없으면 공간의 좌우대칭성이 보증되지 않게 된다. 확실히 자연에는 비대칭인 부분이 있다. 식물의 덩굴이 감기는 방향, 거대 분자의 나선상(螺旋狀)구조, DNA의 이중나선(二重螺旋) 등은 자연계에 그것과 대칭인 것이 존재하지 않는다. 그러나 이것은 어디까지나 2차적인 것이며 근본으로 거슬러 올라가면 좌도 우도 동등한, 즉 좌우대칭이 성립된다고 생각하는 것은 당연하다고 생각하는데."

"그건 나도 부정하지는 않아. 그러나 그렇다고 해서 현실의 소립자의 세계를 패리티가 강력하게 지배한다고는 말할 수 없어. 어떤가, 이 문제도 조만간 결말이 날 테니까 타우와 세타가 같은 것인가 아닌가에 대해 내기를 걸면."

"재미있군. 내가 '서로 다른 소립자'에, 자네는 '같은 소립자'라는 쪽일세."

두 사람은 얼굴을 마주 보며 생긋 웃었다.

"됐어. 액수는 고사하고 자네가 사과하는 꼴을 보겠군"

거울 속

타우와 세타의 수수께끼는 그것에 내기를 걸었다는 학자가 있다는 소문과 함께 전 세계의 주목을 모으고 있었지만, 그것에 비해 이 수수께끼에 본격적으로 달라붙는 사람은 적었다. 소문을 들은 학생이 질문했다.

"선생님은 타우와 세타가 같다는 것과 다르다는 것 중 어느 쪽에 걸겠습니까?"

"그런 내기는 시시한 거야. 그보다는 '타우와 세타가 왜 같은 것으로 보이느냐'를 생각하는 것이 중요한 일이야."

어떤 물리학자는 이렇게 대답했다. 그러나 충분한 능력이 있는 이 물리학자도 이렇게 생각하면서도 문제에는 좀처럼 손을 대지 않았다. 그의 손에서 중대한 구슬이 미끄러져 나간 셈이다.

이 문제에 진지하게 임하는 학자도 있었다. 중국 태생으로 미국에 있던 리청다오(李政道, Lee Tsung-Dao, 1926~)와 양전닝(楊振率, Yang Chen-Ning, 1922~)이라는 이론물리학자가 있었다. 그들은 타우와 세타를 다른 종류의 소립자라고 생각하고 질량과 수명이 같아지는 이유를 탐구했다.

"타우와 세타의 질량이 완전히 일치하는 것은 단순한 우연이라고 생각된다. 따라서 가령 질량에 근소한 차이가 있었다고 하고, 무거운 입자가 가벼운 입자로 빛을 방출해 변환한다고 하자. 왜냐하면, 그렇게 되면 무거운 입자가 파이중간자로 붕괴하는 시간과 가벼운 입자가 파이중간자로 붕괴하는 시간이 거의 같아질 것이니까."

이런 주장을 내놓았다. 그런데 이 경우 가벼운 입자의 붕괴에는 그것의 전제가 되는 빛의 방출이 보여야 할 터인데 실제로는 발견되지 않았다. 아무래도 이 생각으로는 옳은 답이 되지 않는 것 같았다.

"타우와 세타는 상호 간에 변환하는 결과로 질량도 수명도 닮는 것일까? 혹은 자연의 근본 법칙이 패리티가 다른 쌍둥이를 낳도록 되어 있는데도 불구하고 우리가 그것을 알아채지 못하는 것일까?"

리청다오와 양전닝은 생각할 수 있는 모든 가능성을 모조리 적용해 보았다. 그러나 어느 경우에도 만족할 만한 답을 얻지 못했다. 고민 끝에 그들은 대담한 추론(推論)을 도입했다.

"타우와 세타의 수수께끼가 풀리지 않는 것은 그 수수께끼의 근원이 되는 패리티의 생각이 문제가 되는 것이 아닐까? 붕괴와 같은 현상에서는 패리티가 의미를 갖지 않는 것이 아닐까?"

그들은 결승점에 접근해 있었던 것이다.

"패리티는 여태까지의 이론에서 큰 구실을 해온 것은 확실하지만 그것은 핵력이라든가 소립자의 발생이라든가 하는 비교적 강한 상호작용이 작용하는 경우의 이야기다. 붕괴처럼 아주 약한 상호작용이 작용할 경우, 설사 패리티가 통용되지 않더라도 그다지 곤란한 일은 없을 것이다. 이와 같은 작은 파괴라는 생각은 아직 누구도 알아차리지 못한다. 그렇게 생각한다면 타우와 세타가 같은 종류의 소립자라고 하더라도 약한 상호작용에서 파이중간자가 세 개로도 또는 두 개로도 붕괴할 수 있다는 것이 된다."

"그러나 붕괴에서 패리티가 쓸모가 없다고 해도 아마 아무도 믿지 않을 것이다. 무언가 이 생각을 명확하게 제시할 수 있는 재료가 따로 없을까?"

"베타선의 현상은 어떨까? 이것도 새 입자의 붕괴와 흡사한 현상이니까 이 패리티의 파괴라는 생각이 자연계에 공통된 법칙이라면 같은 약한 상호작용이 지배하는 베타선의 현상에도 적용되지 않으면 안 될 것이다."

"과연 그럴듯하다. 원자핵은 그 속의 중성자가 양성자로 바뀔 적에 전자와 중성미자의 쌍을 방출한다. 패리티가 의미를 상실하면 공간의 좌우에 차이가 생긴다. 가령 원자핵의 스핀 방향을 기준으로 하여 그 방향으로 방출되는 전자와 역방향으로 방출되는 전자에 통계적인 수의 차가 생길 것이다. 그것은 조사될 수 있을지도 모른다."

두 사람은 타우와 세타의 수수께끼로부터 베타선 현상으로 이야기를 옮겼다. 새 입자의 현상은 아직도 잘 모르고 있다. 그러나 베타선 현상에 관해서는 훨씬 전부터 연구되어 왔으므로 무엇이든지 잘 알고 있을 것으로 생각되고 있다. 그들은 이것에 도전했다. 사실은 아직은 완전히 조사되

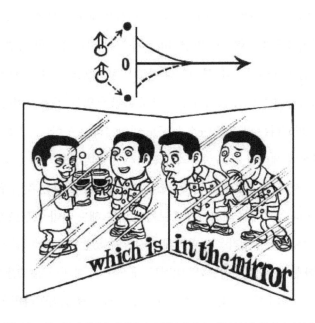

현실과 거울 속은 다르다? – 공간의 좌우가 대칭이면 현실의 상과 거울의 상은 구별되지 않을 터인데?

지 않은 맹점이 있다. 리와 양의 주장을 듣고 콜롬비아 대학의 베타선의 권위자인 중국인 물리학자 우젠슝은 자기가 그것을 구명(究明)하지 않으면 안 되겠다고 생각했다. 두 사람이 요구하는 실험은 제법 귀찮은 일이다. 베타선을 방출하는 원자핵으로는 코발트 60(^{60}Co)이 가장 적당하지만, 원소 속에 무수한 원자핵의 스핀 방향을 모조리 정돈해 두지 않고서는 그들의 주장을 조사할 수 없다. 한 개의 원자핵이라도 스핀의 방향과 역방향인 차이가 생기면 여러 가지로 스핀 방향을 갖는 원자핵의 집단에서는 효과가 상쇄되기 때문이다. 따라서 모든 원자핵의 스핀을 정돈할 필요가 있다. 이것이 무척 힘들기 때문에 여태까지 누구도 그들의 주장과 같은 것을 깨닫지 못했던 것이다. 초저온 기술이 동원되었다. 자기장을 걸어 코발트 원자핵의 스핀 방향을 가지런히 한 다음 초저온에서 자기장을 제거한다. 외부로부터 열을 주지 않는 한 원자핵은 스핀의 방향을 바꿀 에너지가 없기 때문에 가지런한 채로 그대로 있게 된다. 그러나 조금이라도 온도가 올라가면 원자핵은 에너지를 취하게 되어 스핀의 방향을 제멋대로 바꿔 놓는다. 그러므로 실제로 스핀 방향이 가지런하게 되는 것은 극히 짧은 시간이며, 그동안에 승패가 난다. 우 교수는 두 사람의 요구에 훌륭히 답을 해 주었으며 이듬해 그들의 주장의 정당성을 실증했던 것이다.

리와 양이 예상했던 대로 코발트 원자핵의 스핀 방향과 반대 방향에서 생기는 전자의 수는 압도적으로 많았다. 타우와 세타의 수수께끼는 이 지원 사격으로 인해 해소되었다. 베타선 현상에서 공간의 좌우가 대칭이 아니라는 중대한 발견으로부터 미루어 생각하면 새 입자의 붕괴에서도 패리티가 파괴된다고 볼 수 있다. 타우와 세타는 동일한 소립자였던 것이다. 그 밖에 여러 이름으로 불리었던 네 종류의 새 입자도 통일된 것은 물론이다. 이리하여 한 종류의 소립자, K중간자가 확정된 것이다.

내기에 걸린 돈이 어떻게 되었는지 그 결과는 알려져 있지 않다.

끝이 없는 수수께끼

1964년이 되자 새 입자라는 이름을 적용하기에는 이미 고참이 되어 버린 K중간자에 대하여 그것을 AGS 양성자 가속기로 추적하던 팀이 뜻하지 않은 기묘한 사실에 또 부딪혔다. 그들은 K중간자의 붕괴 현상을 조사했다.

"우리에게 어떤 일이 일어났는지를 말하기 전에 잠깐 이야기를 리와 양의 발견으로 되돌리겠다. 두 사람은 패리티의 파괴를 적중시켰다. 그러나 파괴에는 넓은 의미로서의 제한이 있다. 패리티는 소립자를 기술(記述)하는 장(場)의 함수가 공간의 좌우를 반전시킬 때 어떻게 되는 가를 가리키는 양이다. 그와 비슷한 질문은 시간의 전후를 반전시키면 어떻게 되는가? 입자와 반입자의 전기량의 부호를 반전시켰을 때는 어떻게 되는가 하는 등이다. 그런데 하나의 입자에 대해 공간의 좌우, 시간의 전후, 입자·반입자의 관계를 모조리 반전시킨다면, 기준이 될 좌표계를 모두 반전시킨 결과가 되어, 대상에 대해서는 아무 변화도 없다는 것이 된다. 대체로 기준이 되는 좌표계는 처음부터 어떻게 취해야 한다는 약속이 없기 때문이다. 이것은 파울리와 뤼더스(Lüders)가 발견한 수학의 정리이다. 이 정리를 사용하면 공간의 대칭성, 시간의 대칭성, 입자-반입자의 대칭성은 서로 다른 것을 제약한다. 모든 대칭성이 성립되어 있으면 문제가 없지만 어느 것인가의 대칭성이 파괴되면 다른 두 개 중 하나가 그것을 보완하려는 듯이 파괴된다. 따라서 어느 한 개의 대칭성이 파괴되어 있을 경우라도 또 하나가 파괴되는 대칭성을 동시에 생각한다면 그 두 개를 세트로 하는 대칭성은 깨지지 않는다.

그런데 리와 양이 주장한 대로 약한 상호작용이 관계하는 현상에서 패리티의 의미가 없게 된다면 공간의 좌우 대칭성이 깨져 있으므로 그것을 보완하는 의미에서 또 하나의 대칭성이 깨질 것이다. 조사해 보자 입자·반입자의 대칭성이 깨져 있다. 음전기를 갖는 뮤(μ)중간자는 전자와 두 종류의 중성미자로 붕괴한다. 그 전자의 스핀 방향은 튀어 나가는 방향과 반대로 되어 있다. 그런데 양전기를 갖는 뮤중간자로부터 나오는 양전자는 스핀의 방향이 튀어 나가는 방향과 일치했다. 패리티만 파괴되어 있는 것이라면 양전자도 전자와 마찬가지로 행동할 것인데, 그렇지 않은 것은 입자·반입자의 대칭성도 깨지고 있다는 증거이다. 거기에다 시간의 대칭성이 깨진다는 사실은 발견되지 않았다. 이리하여 붕괴 현상에 관한 타우와 세타의 수수께끼가 던진 파문은 일단 가라앉은 듯 보였다.

지금 중성인 K중간자에도 이 생각을 적용한다면 어떻게 될까? 이 입자에는 입자적인 것과 반입자적인 것 두 종류가 있어서 각각은 기묘도가 반대이기 때문에 따로따로의 방법으로 발생한다. 그런데 일단 붕괴할 단계가 되면 그 두 종류의 입자는 개성을 상실한다. 그 대신 두 종류의 입자가 결합해서 새로운 상태가 되어 그것이 마치 한 개의 입자인 것처럼 붕괴한다. 이것은 기묘하게 보이지만 마이크로의 입자가 이중성을 가지며 파동으로써 중합(重合)이 되기 때문이다. 공간의 좌우대칭성과 입자·반입자의 대칭성을 동시에 생각하는 경우도 깨지지 않도록 파동이 결합되어 그것이 붕괴한다. 이 K중간자의 붕괴조를 수명이 긴 K중간자와 수명이 짧은 K중간자라 부르고 있다. 수명이 크게 다르기 때문이다. 두 종류 중 수명이 짧은 K중간자는 패리티를 깨뜨리고 또 입자·반입자 대칭성을 깨뜨려 붕괴하고, 수명이 긴 K중간자는 쌍을 다 보존하면서 붕괴한다. 붕괴에서는 쌍방의 대칭성을 조합한 것만이 의미가 있다면 수명이 짧은 K중간자는 양·음, 두 개의 파이중간자로 파괴되지만 수명이 긴 K중간자는 이두 개의 파이중간자로는 절대로 붕괴되지 않는다. 수명이 긴 K중간자는 양·음 중성인 세 개의 파이중간자로 붕괴하는 것이다. 이것도 파괴의 상호보완 중 하나의 증거가 된다. 우리 실험팀이 조사하려 한 것은 바로 이 사실이었다.

실험에서는 수명이 짧은 K중간자가 완전히 소멸될 만큼 긴 시간을 걸어 주었다. 우리는 안심하고 수명이 긴 K중간자만을 상대할 수 있을 것으로 믿었다."

그런데 그 측정 결과를 본 사람들은 깜짝 놀랐다. 수명이 긴 K중간자의 대부분은 세 개의 파이(π)중간자로 붕괴되어 있었다. 그러나 그중에는 수명이 긴 K중간자가 파괴될 수 없을 터인 두 개의 파이중간자로 붕괴한 예가 소수이기는 하지만 섞여 있었던 것이다.

어째서 이런 일이 일어났을까? 그 해답을 주려는 여러 가지 주장이 등장했다. 그러나 아직 그 어느 것도 만족할 만한 답이 되지 못했다. 새 입자에 대한 수수께끼는 그칠 줄 모른다.

세 개의 기본 입자를 제창한 사카타 쇼이치

제6장
소립자 모형

연달아 나타나는 새로운 종류의 소립자를 처리하기 위해

사카타 모형은 소립자를 기본 입자와 그 복합물로 분류했다.

기본 입자를 더듬어 가노라면 경입자(輕粒子)가 문제가 된다.

복합물을 검토하자.

기본 입자는 쿼크(Quark)로 수정되었다. 그 이후에는….

청춘의 감격

1955년 사카타는 지저분한 일에서 해방되어 교토에 있는 유카와 기념관에서 휴양을 즐기고 있었다. 유카와의 노벨 물리학상 수상을 기념하여 K대학에서 건립한 이 연구소는 두 가지 기능을 수행한다. 어느 기간은 전국에서 모여드는 자신만만한 연구자들의 격렬한 토론장이 되고, 또 다른 기간에는 대학의 운영이나 회원 등의 잡무 때문에 부득이 연구를 중단한 연구자들에게 연구를 재개하는 기회를 주는 장소가 되기도 한다. 그 무렵, 새 입자는 거의 그 전모를 드러내 '타우와 세타의 수수께끼'가 거론되고 '패리티의 파괴'로 그 길을 더듬어 나가고 있었다. 사카타는 가만히 새 입자 문제의 추세를 지켜보고 있었다.

그는 K대학 3학년이었을 때 하이젠베르크의 논문 「원자핵의 구조에

유카와 기념관

관하여」를 읽고 크게 감격한 바 있었다. 지금까지 안개 속에 갇혀 있었던 원자핵의 문제가 중성자의 도입으로 인해 어떻게 명확한 답을 얻을 수 있게 되었는지를 이 논문은 분명히 가르쳐 주고 있었다. 중성자라는 실체를 생각하느냐 아니냐로 이렇게나 문제의 접근 방법에 큰 차가 생기리라고는 생각조차 못했던 일이다. 그 이후 그는 이 감격과 철학을 가지고 연구와 씨름해 왔다. 2중간자론(2中間子論)을 제창한 것도 응집력 중간자론(凝集

力中間子論, 7장 참조)을 만든 것도 그 결과이다.

"새 입자는 매우 복잡해 보인다. 그러나 그것은 겉보기에만 그런 게 아닐까? 20세기 초에 원자는 매우 복잡하게 보였다. 그러나 전자에 의해 원자의 복잡한 현상이 정비되고 양자역학이라는 새로운 법칙 세계가 생겼다. 원자핵 현상의 복잡성은 하이젠베르크가 예상한 대로 양성자와 중성자로 구성되는 문제와 양성자와 중성자의 행동과 성질에 관한 문제로 분류되었다. 확실히 나중 문제의 해결이 앞서는 이야기가 되어 버렸지만, 그럼에도 불구하고 원자핵에 관한 매우 많은 현상이 앞의 문제의 일환으로서 해결되고 또 장래에도 연구될 것이다."

새 입자의 출현으로 인해 예상했던 것 이상으로 많은 종류의 소립자가 있다는 것을 알았다. 이 상황은 20세기 초에 우리가 원자에 당면했던 상황과 흡사하다. 자연을 간단한 것에서부터 생각하려는 목표와는 반대 현상이 나타나고 있는 것이다. 몇몇 사람들은 많은 소립자를 보다 종류가 적은 소립자로부터 설명하려고 애썼다. 드 브로이(Louis Victor de Broglie, 1892~1987)는 광자(光子)를 중성미자의 쌍으로부터 만들려 했고 페르미와 양(揚)은 "파이중간자는 소립자인가?"라는 의문을 던져 파이중간자를 핵자와 반핵자와의 쌍으로 구성되는 복합물이라고 생각하려 했다.

더 기본적인 질문도 있었다. 유카와는 비국소장(非局所場, 8장 참조)이라는 한 종류의 양에 의해서 모든 소립자를 일괄해서 다루려는 목표를 3년 전쯤에 발표했다. 하이젠베르크도 같은 해 비선형 방정식(非線型方程式)에 따르는 근원물질의 장으로부터 소립자와 그 행동 전부를 유도하려는 시도를 시작했다.

"그러나 페르미 등의 시도는 개별적인 목표에 치우치고, 유카와나 하이젠베르크의 목표는 야심적이기는 하나 조급하게 결론을 낼 것이 못 된다. 전에 하이젠베르크가 원자핵에 대해 생각했던 두 가지 문제로서의 분류법은 지금의 소립자의 상황에도 적용된다."

사카타는 비국소장과 페르미-양의 이론의 검토로 꽉 찬 노트를 보면서 이렇게 생각한다.

"소립자에서도 현재 문제로 삼을 수 있는 부분과 장차 생각해야 할 부분이 있을 것이다. 소립자의 단계에서 다룰 법칙은 전자(前者)에 관한 것이고 후자(後者)에 대해서는 소립자보다는 더 깊은 단계에서 생각하지 않으면 안 된다. 자연은 단계적으로 모습을 나타내고 그 단계가 차츰차츰 깊숙이 속으로 이어져 있는 것이다."

이런 점에서 사카타는 일거에 최종적인 해답을 노리려는 유카와나 하이젠베르크와는 다른 철학을 가지고 있었다.

기본 입자

같은 해 가을, 사카타는 학회에서 처음으로 사카타 모형을 발표했다.

"소립자, 특히 강한 상호작용을 하는 중입자(重粒子)나 중간자의 집단을 모조리 같은 수준의 대상으로 생각하기에는 그 종류가 너무 많습니다. 그것은 이들 소립자가 나카노-니시지마-겔만의 법칙에 따르고 있다는 것

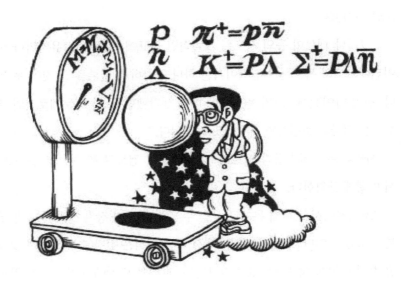

소립자를 원자핵에 비유 - 사카타는 양성자, 중성자, 람다를 기본 입자로 하고 다른 입자, 즉 파이 중간자, K중간자, 시그마, 크사이 등은 그 기본 입자로부터 구성된다고 생각했다. 그리고 그 생각으로 여러 가지 소립자의 질량을 훌륭히 이끌어 냈다

에서부터 말할 수 있습니다. 이 법칙에서는 '전기량'과 '중입자의 수'와 '기묘도'인 세 가지 양만 중요하게 다루어지는데 그것들의 양을 대표하는 소립자보다는 이미 발견되어 있는 소립자의 종류 쪽이 많은 셈입니다. 즉 소립자는 그 역할이 중복되고 있습니다. 이러한 것을 염두에 두고 생각하면 역할의 대표가 되는 일부 '기본 입자'를 제외한 다른 모든 소립자는 원

자핵과 마찬가지로 본 입자로부터 구성되는 2차적인 복합물이라고 볼 수 있습니다. 이 생각을 더욱 발전시켜 나간다면 소립자의 문제에 대해서도 하이젠베르크가 원자핵에서 세운 프로그램과 비슷하게, 기본 입자에 관한 문제와 기본 입자가 만드는 복합물에 관한 문제로 갈라서 생각할 수 있을지도 모릅니다."

사카다는 기본 입자로서 양성자와 중성자 외에 람다(Λ)를 첨가했다. 양성자는 전기량, 중성자는 중입자의 수, 람다는 기묘도의 대표이다. 실제로 기본으로 생각하는 소립자는 세 개의 양을 대표하면 무엇이라도 좋았는데, 새삼스럽게 미지의 것을 도입할 필요도 없었을 뿐더러 원자핵의 이미지가 무엇보다도 중요하게 생각되었기 때문에 잘 알려진 세 개의 소립자가 선택되었던 것이다.

양성자-중성자-람다의 세 입자는 모두 중입자 집단에 속하며 스핀이 1/2이고 질량도 별로 차이가 없다. 이 공통된 성질을 토대로 하여 중성자와 람다의 차이를 관찰하려고 세운 사카타의 프로그램은 이 모형의 발전을 약속했다. 이를테면 이것과 전후하여 제안된 골드하버(M. Goldhaber)의 모형은 양성자-중성자-K중간자를 기본으로 했으나 사카타 플랜처럼 전망이 명확하지 못해 그 이상으로 나아가지 못했다.

사카타가 학회에서 설명했을 때 대부분의 참석자는 그의 목표를 이해하지 못했다.

"이 모형은 나카노-니시지마-겔만의 법칙을 바꿔 말한 것이 아니냐."

"그보다도 점 모양(點狀)의 소립자에 구조를 생각한다는 것은 난센스다."

소립자의 크기와 구조를 생각하는 것에 거부감을 가진 사람이 많다. 소립자의 구조를 고려한 이론을 만든다는 것이 어려운 데다 설사 복잡한 이론이 만들어졌다 하더라도 그 이론에 의해 무언가 얻을 일이 적다고 생각하기 때문이다. 그렇기 때문에 점 모양의 소립자가 가장 좋은 모형이라고 말할 수 있는 이유는 조금도 없다. 그러나 점 모양의 모형에 비해 크기와 구조를 갖는 모형을 만드는 데는 미지의 요소를 넣어야 한다는 위험이 있다. 소립자가 원자핵과 비슷한 구조를 갖는다고 생각한 사카타는 모험을 한 셈이다.

사카타 모형에서 파이(π), 케이(K) 등의 중간자는 양성자-중성자-람다의 기본 입자와 그것들의 반입자와의 쌍으로 구성되며 시그마(Σ), 크사이(Ξ) 등의 중입자는 그 위에 다시 기본 입자를 가한 복합물로 생각된다.

원자핵을 생각할 경우 원자핵의 질량공식(質量公式)이 중요했다. 따라서 원자핵과 비슷한 생각을 밀고 나간다면 소립자의 모형이 갖는 내용을 검토하는 것에 더하여 복합물로서의 소립자의 질량공식이 필요하다. 그것은 이듬해에 마츠모도가 만들어 냈다. 그 질량공식은 비교적 소박했음에도 불구하고 람다의 힘과 핵자의 힘에 근소한 차이를 둠으로써 대부분의 복합 소립자의 질량을 설명하고 있었다. 그 결과는 사카타 모형을 주장하는 강력한 근거가 되었다. 여러 가지 소립자의 성질이 기본 입자의 성질로부터 유도된다는 것은 매력적인 것임에 틀림없다. 사카타를 중심으로 하는 N대학 팀은 이 모형의 검토에 착수하기 시작했다.

다른 점과 닮은 점

"양성자와 중성자는 아주 비슷한 입자다. 양성자가 플러스의 전기량을 가졌고 중성자가 중성이라는 점을 제외하면 둘은 조금도 다르지 않다. 이를테면 이 두 개의 소립자의 질량은 1,000분의 1쯤 차이가 있을 뿐이다.

그런데 람다는 이들 핵자와는 크게 다른 듯 보인다. 질량의 차이도 파이중간자 질량의 2배 정도이고 핵자의 질량보다는 그 1/5만큼 무겁다. 기묘도가 있는 점도 다르다. 사카타 모형의 기본 입자는 혼성 부대와 같다. 원자핵은 양성자와 중성자라는 서로 비슷한 것끼리의 집합이나 사카타 모형에서 소립자를 원자핵처럼 생각할 경우 람다를 가한 혼성 부대라는 특별한 사정이 나타날 것이다."

사카타는 람다와 핵자의 닮은 점과 다른 점을 잘 분간해 씀으로써 이론을 발전시키려 했다. 그러나 현실적으로 큰 차이가 있는 람다와 핵자에서는 아무래도 차이점만 눈에 띈다. 실제로 사카타 팀의 공격은 이 점에 집중되고 있는 듯 보였다.

이러한 분위기 속에서 오가와는 전혀 반대의 생각을 가지고 있었다. 사카타 모형이 등장하고 나서 2년의 세월이 흘렀다. 사카타 팀이 사카타 모형의 분석을 계속하는 것을 바라보고 있던 그는 아무래도 람다가 핵자와 다른 점보다는 도리어 닮은 점이 더 많다는 생각이 들었다.

"핵력과 소립자의 발생-반응 등의 강한 상호작용 복합물을 만들고 있

돌아라 돌아라 IBY – 양성자와 중성자, 중성자와 람다, 람다와 양성자를 각각 교환하는 것으로서, 아이소스핀(I), 중입자(B) 하이퍼차지(Y)가 대칭적으로 교체된다는 이론을 오가와 등은 목표로 삼았다

는 기본 입자의 행동으로 되돌려 보자. 이 경우 복합물로서의 소립자는 서로 천이하여 변하고 있지만 그것들을 만들고 있는 양성자, 중성자, 람 다 입자들은 어느 것도 서로 천이하는 일이 없다. 즉 건축물은 변해도 재 료 그 자체는 전에 어딘가에서 쓰이고 있었다…는 것과 비슷하다. 그리고 소립자의 붕괴 현상에서 비로소 중성자가 양성자로 변하는 것처럼 기본 입자가 서로 변하게 된다. 그러나 그 경우에도 소립자가 전자와 중성미자

의 쌍이나 뮤중간자와 다른 중성미자와의 쌍으로 붕괴하는 상태를 보면 핵자와 람다의 행동에는 거의 차이가 없다."

"핵자와 람다에 차이가 있다고 하더라도 소립자에 관한 현상의 대부분에서는 쌍방이 닮았다고 생각하는 편이 현상의 특징을 잘 파악할 수 있지 않을까?"

오가와는 기본 입자가 모두 서로 닮았다는 이론을 만들려고 생각했다.

"양성자와 중성자가 닮았다는 것을 나타내는 데는 가공적인 공간(아이소 공간)을 설정하고 거기서 아이소스핀을 생각해서 양성자에는 우회전, 중성자에는 좌회전을 할당했다. 또 같은 방식으로 다른 소립자에도 아이소스핀이 정의되었다. 아이소 공간에서는 양성자와 중성자를 또 그 밖의 소립자라도 전기량이 다른 것끼리 서로 교환해도 이론은 변하지 않는다. 이 결과는 원자핵이나 중간자의 현상에 의해서 확인되어 왔다. 이것을 사카타 모형으로 생각할 때 기본 입자의 양성자와 중성자를 교환하면 복합물의 소립자도 교환되어 여러 가지 소립자의 아이소 공간에서의 성질이 기본 입자의 교환이라는 것을 통해 간단히 설명된다. 양성자와 중성자와의 교환으로써 이론이 바뀌지 않도록 해놓기만 하면 모든 소립자와 현상에 대해 확인이 가능하다는 결과가 자동으로 나온다. 이것은 사카타 모형이 갖고 있는 훌륭한 이점이다."

그는 이 예에 따라 양성자와 람다, 중성자와 람다의 교환으로 변하지 않을 만한 이론을 만들려 했다. 그러나 세 종류의 기본 입자 중 두 개의 교환에만 주목할 이유는 없다. 두 개씩 교환해 나가면 결국 세 종류가 모두 자유롭게 교환될 수 있는 것과 같은 형식이 될 것이다. 그러나 그러한 수학은 여태까지 예가 없다. 그는 오누키와 이케다에게 상의했다.

유럽에서도 클라인과 세른(CERN)에 체재 중인 야마구치도 같은 생각을 추진하고 있었다. 기본 입자를 교환해 나간다면 그것들로부터 구성되고 있는 파이중간자나 K중간자 사이에 관계가 생긴다. 한 종류의 소립자 현상을 알게 되면 다른 종류의 소립자 현상을 예언할 수 있다. 알고 있는 소립자의 성질과 행동으로부터 미지의 소립자 존재와 행동이 예언될 수 있다. 이것은 훌륭한 아이디어였으므로 누군가가 거기에 도달하리라는 것은 시간문제였다. 다행히도 오가와는 그 선두를 달려가고 있었다.

'I(이케다)O(오가와)O(오누키)의 대칭성'이라 불리는 이론이 완성된 것은 1959년이다. 이 이론에서는 3차원 유니터리 군(Unitary Group)이라는 물리학에서 처음 등장한 대수(代數)가 사용되고 있었다. 대수에 능하지 않은 소립자 물리학자에게 그것은 아주 어려워 보였기 때문에 처음에는 평판이 좋지 않았다.

"람다와 핵자와는 크게 다르다. 더군다나 불과 10종류 정도의 소립자를 상대로 하는 것이라면 이런 큰 칼을 휘두르지 않아도 될 것이다."

"대칭성을 이용하면 파이중간자와 K중간자 말고도 중성의 중간자 두 종류가 등장한다. 과연 그러한 소립자가 있는지 어떤지? 만약 있다고 한다면 왜 발견되지 않을까?"

그러나 이야기를 너무 서둘러서는 안 된다. 파이중간자와 양성자와의 충돌을 관찰하면 특별한 에너지로 입사(入射)한 파이중간자만 엄청나게 높은 비율로 산란된다. 이 사실은 1950년경 이미 보고되어 있었다. 그 경우 파이중간자와 양성자가 결합해서 어느 시간 동안 새로운 소립자 상태로 되었다면 그것은 특정한 무게를 가질 것이다. 그것에 해당한 에너지를 가지고 충돌해 오는 중간자는 상태를 만드는 데 가장 좋은 조건에 있었으므로 공명(共鳴)을 일으킬 것이다. 그 결과가 측정에 나타나는 것으로 추정된다. 그와 같은 새로운 형의 소립자가 생성되었다고 하더라도 그것은 즉시 붕괴한다. 그러나 그것도 소립자의 무리에 넣지 않을 수는 없다.

사카타 모형이 등장한 무렵, 공명 입자(共鳴粒子)는 한정된 일부 현상에서만 볼 수 있었다. 그러나 1960년을 전후해서 PS와 AGS의 2대 가속기가 활동을 시작하자 이런 종류의 공명 상태라 불리는 소립자가 연달아 발견되었다. 이 소립자의 홍수에 부딪힌 사람들은 한편으로는 소립자의 정리를 바랐고 다른 한편에서는 다음에는 또 무엇이 발견될까 하고 기대하며 사카타 모형을 주목하기 시작했다.

이런 상황 속에서 대칭성에 기초를 둔 소립자의 질량공식이 사와다-요네자와에 의해 만들어졌다. 그것은 발견된 공명 상태의 질량을 잘 설명했으며, 새로운 소립자의 발견을 예기하는 것이었다. I.O.O 대칭성이 중간자에 설정한 두 개의 빈자리는 1961년에 에타(η)중간자, 1964년의 카이(x)중간자의 발견으로 메꾸어졌다.

이케다-오가와-오누키 세 사람은 소립자의 분류에 대수(代數)를 사용하는 시도를 유행시켰다.

전자의 근본

"전자의 질량은 어떻게 해서 생기는 것일까?"

"나는 옛날 로렌스가 생각한 것처럼 전자기장의 에너지에 의한 것이라고 생각하는데….."

"그것은 옛날이야기이다. 현재의 이론에서는 설사 답이 무한대가 되는 것을 피했다고 하더라도 전자의 질량을 처음에 제로로 하는 한 전자기장의 에너지만으로 질량을 얻을 수 있게 되어 있지 않다. 소립자의 이론 속에 길이의 차원을 갖는 상수가 들어 있지 않기 때문이다."

"그렇다면 또 다른 것은 붕괴에 관계되는 약한 상호작용에 의해서 생기는 질량인데. 그러나 그건 너무 작아서 문제가 되지도 않을 것 같아."

"이런 주장은 어떨까? 전자도 중성미자와 마찬가지로 질량을 제로로 본다. 그러나 약한 상호작용의 결과 그것에 우선 근소하지만 질량의 씨를 넣는다. 씨만 있으면 그다음은 전자기장이 에너지를 보충해서 제대로의 전자가 완성된다."

이런 말을 주거니 받거니 하던 세 사람의 물리학자가 있었다. 다케다니와 가다야마, 또 한 사람은 브라질의 어느 물리학자다. 1958년의 상파울루의 쾌적한 밤의 일이다. 다케다니와 가다야마는 전자, 중성미자, 뮤중간자 등의 '경입자'를 조사했다.

"사카타 모형은 성공을 거두어 가고 있다. 아마 중입자와 중간자에 대한 정리는 머지않아 완성될 것이 틀림없다."

"그러나 경입자에 대해서는 아직 아무도 손을 쓰지 않고 있다. 빛이나 경입자까지 포함하지 않고서는 소립자의 통일적인 모형은 완성되었다고 말할 수 없다."

두 사람은 우선 가장 오래된 문제, '전자의 질량의 기원'에 도전하려고 했다.

"어쨌든 현재의 정당이론(正當理論)을 믿어 버린다면 이 문제는 전혀 풀리지 않는다. 질량의 답은 무한대가 될 것이며, 또 적당히 유한인 듯 손질해도 제로의 질량에서 출발한다면 제로 이외의 답이 나오지 않는다."

"그러나 정당이론에도 결함은 있을 것이니까 그것을 찾아내는 것이 선결문제이다. 전자와 뮤중간자는 질량이 크게 다르지만 그 이외의 행동이나 성질은 비슷하다. 따라서 전자만이 아니라 전자와 뮤중간자를 병행해서 생각해 본다면 어떨까?"

여기서 두 사람은 다시 문제를 고쳐 세웠다. 전자나 뮤중간자의 질량의 원인은 무엇인가? 전자와 뮤중간자의 행동이 닮았는데도 그들의 질량에 큰 차이가 있는 것은 무엇 때문인가?

"전자나 뮤중간자도 중성미자와는 달라서 전기량을 가지고 있다. 이것과 전자와 뮤중간자가 현실적으로 질량이 제로가 아니라는 것과는 무관한 것이 아닌 것 같다. 어쩌면 질량의 대부분이 전자기장의 에너지에 기인할지 모른다. 그러나 질량 전부가 그렇다고 할 수는 없다. 제로인 질량의 전자에서는 전기장으로부터 얻는 에너지도 제로이기 때문이다. 따라서 전자기장의 에너지를 가해서 전자의 질량을 효과적으로 얻으려면

사소한 구원의 중성미자(ν) - 전자나 뮤중간자는 중성미자를 통해서 생각할 수 없을까

씨가 필요하다."

　이리하여 그들은 약한 상호작용에 의해 씨를 가져다 넣으려 했던 것
이다. 근소한 씨와 같은 질량이 있기만 하면 충분하다. 이윽고 그들은 질
량을 집어넣는 문제도 전자나 뮤중간자가 전기량을 갖게 하는 기구 문제
에 집중시켜 생각하면 된다고 생각하게 되었다. 이렇게 하는 편이 융통성
이 있다. 그들은 전자와 뮤중간자에 전기량을 주기 위하여 '입실론 하전

(ipsilon 荷電)'이라는 기묘한 기구를 도입했다.

중성미자는 결과적으로 전기량을 부여하는 어떤 종류의 양, 즉 입실론 하전을 열 가능성이 있다. 그 대전(帶電) 방법에는 두 가지가 있는데 그 한 가지 방법에 의해 중성미자가 전자로, 또 한 가지 방법에 의해 중성미자 가 뮤중간자로 된다. 이것이 1959년 다케다니와 가다야마가 제창한 경입 자 모형의 과정이다.

"입실론 하전이라 불리는 수수께끼와 같은 물질을 도입하는 것은 아 마 이치를 따지는 물리학자로부터는 반격이나 무시를 받을 것이 뻔하다."

"그렇다면 그들에게는 어떤 해답이 있단 말인가? 아무것도 없지 않은 가. 우리는 경입자로부터 무언가를 끄집어내지 않으면 안 돼."

"이걸 '상파울루 모형'이라 명명하자."

두 사람은 그렇게 이야기를 나누며 일본으로 돌아왔다. 여기에서도 그 들의 생각에 호응하는 새로운 모형이 태어나고 있었다.

키에프-나고야-상파울루

사카타 모형이 궤도에 들어가고 있었을 무렵 사카타 팀은 이미 다음 과제와 대결하고 있었다. 중입자나 중간자에 대한 현상은 양성자-중성 자-람다의 기본 입자로 돌아가서 생각할 수 있다. 그런데 소립자의 붕괴 현상까지 생각한다면 기본 입자만으로 끝날 수가 없다. 경입자가 나타나 기 때문이다. 경입자는 기본 입자와 다른 것일까? 아니면 관계가 있는 것일까? 거기에 무엇인가 관계가 있을 것이 틀림없다고 사카타는 전부터 생각했다. 그런데 이 문제에 대한 하나의 힌트가 1959년 여름, 러시아(구소련)의 키에프(Kiev)에서 개최된 국제회의에서 주어졌다. 오쿠보, 갬버, 마르샤크(R. E Marshak) 세 사람이 붕괴 현상에서 양성자, 중성자, 람다 입자가 수행하는 역할과 중성미자, 전자, 뮤중간자가 하는 역할이 전적으로 닮았다는 것을 지적했던 것이다. 키에프 대칭성이라고 명명된 그 대칭성은 다분히 있을 법한 일이다. 중입자와 중간자의 집단을 정리해 나가면 양성자-중성자-람다의 세 종류가 되고 경입자도(아직 중성미자가 두 종류 있는 것으로는 생각되지 않았으므로) 한 종류의 중성미자와 전자, 뮤중간자의 세 종류가 된다. 더군다나 그 세 개의 소립자의 질량의 차이점도 양성자와 중성자는 대체로 같고 람다가 조금 무거운 것처럼, 중성미자와 전자는 대체로 같고 뮤중간자가 약간 무겁다는 비슷한 관계에 있다. 따라서 그들의 행동도 비슷해진다고 생각할 수 있을 것이다.

"경입자에 '어떠한 물질'을 첨가하면 기본 입자가 되지 않을까요?"

사카타는 팀 사람들을 둘러보았다. 마키가 대답했다.

"과연 그럴지도 모릅니다. 양성자, 중성자, 람다(Λ)와 중성미자, 전자, 뮤중간자를 질량이 작은 것부터 배열해 가고 전기량도 단위량만큼 처지게 하면 되겠군요."

오누키가 재빨리 뒤를 이었다. 두 사람은 사카타의 양팔이다.

"그렇다면 경입자에 붙여 줄 물질은 플러스의 전기량을 가졌고 더욱이 경입자도 기본 입자도 스핀이 1/2이니까 스핀이 0이거나 1인 입자라고 할 수 있겠군요."

사카타는 고개를 가로저었다.

"아니야, 나는 어떤 물질이라고만 말했을 뿐이야. 소립자가 아닐지도
몰라요."

이 'B물질'이라 불리게 된 물질을 간단히 소립자라고 말하는 것은 적
절하지 않다는 것도 확실했다. B물질은 경입자와 결합해서 기본 입자가
된다. 그 기본 입자는 강한 상호작용에서는 결코 변하는 일이 없으므로
웬만큼 단단하게 경입자를 감싸고 있지 않으면 안 된다. 그럼에도 약한
상호작용에서는 알맹이의 경입자가 바뀌지 않으면 안 되므로 B물질의 경
도(硬度)에도 한도가 있다. 일정한 전기량을 가질 필요가 있으나 경입자에
붙는 것은 전기소량(電氣素量)만으로 제한되지 않으면 곤란하다. 이런 점에
서 B물질도 소립자인 것 같다. 그러나 소립자라면 제멋대로 튀어 나가도
좋으나 B물질만 단독으로 나타나서는 안 된다. 이러한 성질을 생각해 나
가는 데는 처음부터 소립자라고 단정하여 덤비지 않는 것이 좋다. 이것이
사카타의 공격 방법이었다.

사카타 팀은 B물질과 경입자 결합 방법의 문제에 직접 부딪치는 것을
피하고 B물질의 성질을 경험으로부터 추구하기로 했다. 경입자는 약한
상호작용만 하기 때문에 약한 상호작용의 원인은 경입자에 있다. 기본 입
자는 강한 상호작용을 하는 위에 각각 개성을 지니고 있다. 이런 점들을
고려하면 다음과 같다.

"강한 상호작용이 생기는 원인은 B물질에 있고 이것은 촉진제와 같다.

이 경우 B물질에 달라붙은 경입자는 옴짝달싹도 못하고 각각 개성을 나타내지 못한다. 그런데 경입자가 서로 변화하면 B물질의 존재 여부와는 상관없이 상호작용은 극히 약해진다. 이것이 붕괴 현상을 나타내고 있다."

이리하여 미지의 물질을 토대로 하는 경입자를 포함한 '나고야 모형'이 1959년에 탄생했다.

신문에서는 나고야 모형을 사카타 모형 이상으로 전 세계에 보도했다. 그러나 B물질이 미지의 것이라는 큰 이유로 많은 물리학자들은 이것을 무시했다. 실제로 상파울루 모형이나 나고야 모형에 관한 논문을 해외의 잡지는 게재하지 않았다. 그것은 언제나 정중한 회답과 함께 반송되어 왔다.

"이 논문은 매우 중요한 것일지 모릅니다. 그러나 유감스럽게도 우리는 그것을 충분히 평가할 수 없었습니다. 일본의 잡지에 충분한 지면을 할당받아 상세하게 싣는 것이 좋지 않을까 생각합니다."

나고야 모형과 상파울루 모형과의 합류는 다케다니가 맡기로 했다. 이것을 '중성미자 모형'이라 한다. 강한 상호작용이 B물질의 촉진제로써 일어난다는 견해를 가진다면, 약한 상호작용은 입실론 하전의 치환으로 보는 것이 단순히 경입자가 변한다고 생각하는 것보다는 더욱 본질에 가깝다. 이리하여 소립자의 모형은 B물질이나 입실론 하전이라는 미지의 요소를 포함하면서도 단순한 소립자, 즉 중성미자로 나아가게 되었다. '뮌헨(München), 삿포로, 밀워키(Milwaukee)'라는 맥주 광고가 유행했다. 그때 물리학자 일부에서는 '키에프, 나고야, 상파울루'에 의해 소립자의 통일을 노리고 있었다.

키에프
SAPPORO
MÜNCHEN
나고야
MILWAUKER
상파울루

세 도시를 연결하면 – B물질과 입실론 하전이 모든 소립자 간을 연결한다. 가장 기본적인 소립자는 중성미자일 것인가ᅟ.

물리학자에게 쓰리 쿼크를

바텐더가 중얼거렸다.

"마스터인 호크 씨에게 쓰리 쿼크를…."

겔만은 쿼크(Quark)란 제임스 조이스(James Jayce, 1882~1941)의 소설에 등장하는 주인공이 액체의 양(Quantity)을 듣고(Hark) 꿈속에서 합성한 말이라고 짐작했다. 그러나 현실의 물리학자인 그는 세 개의 쿼크는 중입자를 만드는 것이라고 생각했다.

사카타 모형에서 출발한 I.O.O의 대칭성이 일본에서 활발히 논의될 무렵 겔만과 네만(Y. Ne'eman)은 소립자의 다른 대칭성을 밝히려 하고 있었다. 그것은 양성자, 중성자, 람다(Λ), 시그마(Σ : 플러스·제로·마이너스), 크사이(Ξ : 제로·마이너스) 등 여덟 종류의 소립자를 서로 치환할 때 변하지 않는 일정한 형식을 논한 것이다.

1961년에 이것이 팔정도설(八正道說, Eightfold Way)로서 발표되었을 때 사카타 모형으로부터 생긴 대칭성보다도 뛰어났다고는 보이지 않았다. 그러나 실험에서는 다행히도 겔만설에 유리하게 전개되기 시작했던 것이다. 그것은 시그마와 크사이의 스핀이 모두 1/2이라는 것이 뚜렷해졌기 때문이다. I.O.O 대칭성에서 시그마와 크사이는 파이중간자와 핵자와의 산란에 등장하는 공명 상태와 같은 성질을 가질 것이며 공명 상태의 스핀이 3/2이므로 시그마와 크사이의 스핀도 3/2이라 예상되고 있었다. 겔만-네만의 이론은 이미 시그마나 크사이도 스핀이 1/2이란 것이 예상되었던 시기에 시작되었다는 유리한 상황에 있었다. 스핀의 예상이 현실과 다르다면 이론은 의미가 없어진다. 이것을 알아차렸을 때 사카타 모형의 연구자들은 다시 원점으로 되돌아가지 않으면 안 되었으나 불행하게도 아무도 그 기회를 잡지 못했다. 그 사이에 팔정도설은 발전했다. 오쿠보는 이것에 의거한 질량 공식을 만들어 훌륭하게 새 종류의 소립자, 오메가(Ω)의 존재를 적중시켰다.

"만약 실험적으로 I.O.O의 대칭성보다 겔만-네만의 대칭성이 정당하다고 한다면 다시 한번 여덟 종류의 중입자로부터 출발해서 그 배후에 다른 기본 입자를 배치한다는 방법을 취하는 것이 나의 모형의 방식이다."

사카타는 1963년에 이렇게 자기의 의견을 말했다. 사카타의 주장을 실현시킨 것은 아이러니하게도 겔만이었다. 팔정도설에 있는 대칭성은 내용상으로는 오가와가 첫 힌트를 잡았던 방법과 똑같다. 그러므로 그 생각의 근본에는 세 개의 기본적인 물질이 존재한다. 그런데 겔만이 도달하게 된 세 종류의 기본 입자는 전기량이나 중입자의 수가 어중간하게 되는 비현실적인 것이었다. 이러한 이유로 이케다, 오가와, 오누키는 출발점에서 단순히 그 가능성을 포기했었다. 수학적 용어로는 이케다, 오가와, 오누키는 '3차원 유니터리 그룹'을, 겔만은 '3차원 단모(単模) 유니터리 그룹'을 취한 것이 된다. 실은 뒤의 수학은 원자핵물리학에서 이미 사용하기 때문에 쉬웠다. 사소한 물리적 견해의 차이가 쌍방을 크게 벌려 놓게 만들었던 것이다.

겔만은 현실의 양성자·중성자·람다와 다소 다른 근원물질을 세 종류의 원(原)양성자(u)·원중성자(d)·원람다(s)를 '쿼크'라 명명했다. 1964년, 같은 것이 겔만에 의해 쿼크로 발표되고 츠바이크(Zweig)에 의해 '에이스(ace)'라 명명되어 제창되었다.

그것들은 전기소량의 +2/3, -1/3, -1/3이라는 어중간한 전기량을 가지고 있다. 그러므로 현실적으로 존재하는지 어떤지는 모른다. 세 개의 쿼크가 모이면 전기량은 소량(素量)의 정수배(제로를 포함해서)가 되어 비로소 현실의 여덟 종류의 중입자가 등장한다. 쿼크가 한 개나 두 개로 구성되는 소립자는 어중간한 전기량을 갖는데 그런 입자는 발견되어 있지 않다.

"쿼크는 자연계에 단독으로 존재하는 것이 틀림없다."라고 믿는 물리학자는 쿼크가 여태까지 발견되지 않고 있는 것으로부터 그 중량은 매우 무겁다고 보고 높은 에너지 현상을 추적하여 우주선이나 거대 가속기 속에서 최초의 발견자라는 명예를 쟁취하고 있다. 지금까지 몇 번이나 쿼크 발견의 뉴스가 있었으나 그 뉴스는 늘 사라지고 말았다.

"쿼크는 존재하지 않는다. 그것들은 겉보기의 소립자에 지나지 않는다."

쿼크의 존재를 믿지 않는 물리학자도 그러나 쿼크의 역할을 부정하지 않았다. 그들은 쿼크를 보다 다른, 소립자에 닮은 것으로 치환하려고 시도했다. 어느 쪽의 직관이 옳을지. 지금으로서는 판정할 수가 없다. 세 종류의 쿼크를 세 번 생각하여 어중간한 전기량을 없애자는 주장도 있다. 쿼크 입자에 여태까지와는 다른 새로운 통계 법칙을 적용하려는 학자도 있다. 쿼크에 대한 의견은 다양하다.

겔만은 중얼거렸다.

"세계의 물리학자에게 쓰리 쿼크를."

물리학자에게 쓰리 쿼크를 – 겔만은 양성자(p), 중성자(n) 또는 람다(Λ) 등의 기본 입자도 세 개
의 쿼크의 합성이라고 했다

'무한대를 재규격화'라는 이론을 만든
도모나가 신이치로

제7장
무한대

소립자의 이론에는 무한대의 곤란한 문제가 내재한다.

그것을 둘러싸고 많은 고투가 전개되었다.

응집력장(凝集力場)의 이론, 재규격화 이론은 그 성과였다.

그러나 아직 문제는 끝나지 않았다.

요사스러운 기운

시나노시에서는 가을인가 싶은 무렵에는 벌써 겨울 준비가 시작된다. 후지미고원으로 전쟁을 피해 소개(疏開)하던 N대학의 사카타 팀은 전쟁이 끝난 해에도 여기서 지내려고 준비하고 있었다. 지금 검토 중에 있는 문제가 중대한 고비에 와 있었으므로 이번 겨울 동안에 충분히 토론하여 해결의 길을 찾고자 생각했기 때문이다.

문제는 소립자론에 나타나는 '무한대의 곤란'이라고 불리는 딜레마였다. 이것에 관해서는 좀 자세히 설명하지 않으면 안 될 것 같다. 디랙의 전자론(電子論)으로부터 유가와의 중간자론까지 소립자의 이론적 추구는 상당히 성공한 것처럼 보인다. 그러나 그것은 표면상의 이야기일 뿐이다. 이론의 내면에서 모든 시도는 늘 숙명적인 결함을 내포했고, 물리학자들

정체를 알 수 없는 요사스러운 기운 – 광자와 전자의 현상에 대한 해답을 여러 가지 과정을 생각
하여 상세히 계산하면 할수록 난센스한 것이 된다

은 그것에 시달려 왔던 것이다.

　소립자의 문제는 여러 가지 현상이 얽혀 복잡한 상태를 나타내기 때문
에 어느 현상에 대해서도 완전한 해답이란 것이 없다. 이를테면 빛이 전
자에 의해 산란되는 경우를 생각해 보면 입사하는 광자와 그 상대가 되는
전자만을 고려해서는 이야기의 결말이 나지 않는다. 광자가 도중에 다른
전자와 양전자의 쌍으로 변하는 수가 있는가 하면 전자가 새로운 광자를
방출하거나 흡수하는 경우도 있다. 경우에 따라서는 빛과 전자 이외의 소

립자가 개입한다. 이와 같은 사정을 처음부터 전부 고려한다는 것은 큰일이다. 따라서 통상 적당한 조사 방법을 쓴다. 다행히도 이와 같이 구한 최초의 근삿값은 현상을 매우 잘 설명했다. 그 덕분에 우리는 소립자의 이론을 여기까지 진전시킬 수 있었다. 그런데 현상에 따라서 정밀도가 높은 해답이 요구될 경우 다음 단계의 근사(近似)가 문제가 된다. 즉 입사해 오는 광자가 전자에 의해 산란되는 앞뒤에서 새로이 전자와 양전자와의 쌍을 발생해 '모습을 감추고 다시 그 쌍이 소멸해서 빛이 나타난다'는 효과 등을 생각하면 모두가 무한대의 답이 된다는 황당무계한 결과로 끝난다. 어째서 이와 같은 결과가 되는가? 처음부터 엉망진창의 답이 나오는 것이라면 몰라도 최초의 근사가 훌륭했던 만큼 더 이상하다. 무언가 정체를 알 수 없는 요기(妖氣)가 감돌고 있다고밖에는 할 말이 없다. 처음에 이것을 알아챈 사람은 하이젠베르크였다. 그가 파울리와 공동으로 파동장(波動場)의 양자론(量子論)을 만들고 있던 1929년의 일이다.

전자기 현상을 근본으로 거슬러 올라가서 생각해 보면 전자와 전자기장과의 상호작용의 문제가 된다. 전기장이나 자기장을 걸어주면 전자는 운동한다. 전자는 그 주위에 전기장을 만드는데 더욱 운동을 하게 되면 새로이 자기장과 전기장을 만들고 이 전자기장이 전파로서 공간을 전파해 간다. 이처럼 거대한 전자기 현상을 미시적으로 생각한다는 입장은 1892년에 로렌츠(Hendrik Antoon Lorentz, 1853~1928)가 주장했다.

그런데 전자기 현상의 주인공인 전자는 파동과 입자의 2중성을 가지고 있었다. 양자역학은 이것을 훌륭히 기술(記述)했다. 그 결과 전자기장은 어떻게 되었는가?

양자역학 탄생의 동기를 이룩한 플랑크나 아인슈타인의 발견은 전자기장은 광자의 집단으로 봐야 한다는 것을 가르쳐 주었다. 빛은 파동과 입자의 2중성을 갖는 대상이었다. 그러나 양자역학에서는 이 사실이 충분히 기술되어 있지 않다. 그 이유 중 하나는 광자는 전자에 의해 방출, 흡수되어 자유로이 수를 증감하는 까다로운 대상이며, 이것에 반해 전자는 영구히 증감하지 않는 대상이라고 생각되었기 때문이다. 그런데 양전자의 발견으로 사실은 그렇지가 않고 전자도 자유로이 증감하는 것이라고 알려졌다. 이제 광자와 전자는 완전히 대등한 입장이 되었다. 광자가 전자기장으로 나타내어진다면 전자도 대등한 파동장으로 생각할 수 있다. 전자를 입자로 본다면 광자도 입자로서 다룰 필요가 있다. 2중성에 입각한 동등한 취급으로 광자와 전자의 상호작용을 문제로 삼아야 한다…. 이것이 하이젠베르크와 파울리가 노린 점이었다.

하이젠베르크-파울리의 이론은 양자역학을 상대성이론과 결부시켜 생각할 수 있는 극한까지로 진행한 최종적 이론이라고 여겨졌다. 그러나 이 완전하게 보이는 이론에는 중대한 결함이 있었다. 그들은 이론을 만들면서 이미 그것을 알아채고 있었다. 그렇다고 해서 그 이외의 방법은 당장 생각할 수 없었다.

하이젠베르크-파울리 이론의 결점은 다음과 같다. 전자는 광자를 방출한다. 만약에 전자가 다시 같은 빛을 흡수하면 표면상으로는 전혀 아무 일도 일어나지 않는 것처럼 보인다. 그러나 실제로는 그 결과로서 전자의 에너지가 증가한다. 전자는 늘 빛을 방출하거나 흡수하기 때문에 본래 그만한 에너지를 가지고 있다고 봐도 된다. 이것이 전자의 자체 에너지라 불리는 것이다. 그런데 그 자체 에너지를 계산하면 해답은 무한대가 되어 버린다. 전자가 에너지를 가지면 그것에 해당하는 질량이 있을 것이므로 전자는 무한히 무겁다는 결론이 나온다. 그러나 현실적으로 전자의 질량은 매우 작다. 이것은 참으로 이상한 이야기다. 아무리 좋게 봐도 이론이 틀렸거나 어딘가에서 잘못되어 있다고 판정하지 않을 수 없다. 많은 사람이 이 결점을 해소하려고 여러 가지로 노력했다. 그러나 유감스럽게도 해결의 길을 찾지 못했다.

기본적인 길이의 고무끈

물리학자는 한편으로는 회의적이지만 다른 면에서는 대담한 행동파이기도 하다. 그것은 자기가 가지고 있는 무기의 단점과 장점을 잘 알고 있기 때문이다. 자연은 그들이 갖고 있는 무기를 최대한으로 활용하게 하려고 연달아 그 모습을 나타낸다. 무기가 불완전하다고 해서 쩔쩔매고만 있을 수는 없는 일이다.

하이젠베르크는 이론에 대해 회의적이었으나 중성자 발견의 매력이 그에게 원자핵 구조를 추구할 생각을 멈추게 하지는 않았다. 그는 문제를 두 가지로 나누려고 생각했다.

"원자핵이 어떻게 구성되고 있는가 하는 것은 양자역학으로 해명할

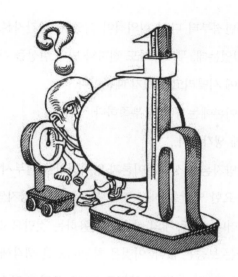

무엇인가 부족하다. 모든 것을 설명하기에는 양자론의 상수(h)와 상대론의 상수(c)로는 불충분하다

수 있을 것이다. 양성자나 중성자의 성질을 추구하는 것은 양자역학의 범위를 넘는 문제일지도 모른다. 따라서 이 두 가지는 별도로 추구해 나갈 수 있을 것이다."

이런 생각에서 그는 작업을 시작했다. 그리고 그 후의 역사도 그의 예상대로 진행되었다. 원자핵 이론과 소립자론의 발전이 그것이다. 그러나 어려운 문제로 생각되었던 소립자에 관해서도 양자역학이나 장(場)의 이론의 범위 내에서 몇 가지 문제가 해명되었다. 그 대표라고 할 수 있는 것이 중간자론일 것이다.

그는 1936년경부터 다시 회의적이 되었다. 중간자론도 점차 고빗길에 접어들고 있었는데, 무엇보다도 전자와 빛의 현상을 다루는 이론이 무한대라는 난관에 시달리고 있었기 때문이다.

"우리들의 이론에는 무언가 부족하다."

그는 이렇게 생각했다.

"파동장의 양자론은 상대성이론과 양자역학을 결부시킨 것이다. 상대성이론에서 중요한 역할을 하는 것은 광속도이며, 양자역학에서는 플랑크 상수다. 그러나 이 두 개의 상수를 사용하는 것만으로 어떤 양이라도 다 이끌어진다는 보증은 없다. 이것은 차원(次元)을 생각해 봐도 명백하다. 광속도의 단위는 ㎝/sec이므로 차원은 $[LT^{-1}]$, 플랑크 상수의 단위는 g·㎠/sec이므로 $[ML^2T^{-1}]$이다. 가령 이것들을 조합해도 $[L]$, $[T]$, $[M]$과 같은 차원은 나오지 않는다. 만약 우리가 구하는 이론이 자연계의 현상에 최종적인 해답을 주는 것이라면 모든 양은 결국 이론 속에 어떤 상수를 토대로 설명될 것이다. 그렇게 되기 위해서는 또 하나의 새로운 상수, 가령 '기본적인 길이' $[L]$과 같은 것이 필요하게 된다. 그렇게 하면 나머지 $[T]$와 $[M]$의 차원의 것도 이 길이와 광속도 및 플랑크 상수를 조합한 것으로 나오게 된다. 그러므로 모든 것을 설명할 수 있는 최저 자격이 갖추어진다. 그렇게 본다면 현재의 이론은 새 상수를 갖지 않는다는 점에서 불완전하다는 것이 된다."

"무한대는 매우 작은 거리에까지 현재의 이론을 적용하기 위해 생겼다. 그것은 무한대의 해답이 거리의 역수(逆數)나 로그와 같은 함수를 통해서 전자의 크기에 해당하는 거리를 제로로 만들어 가기 위해 나오기 때문이다. 사실은 거리는 함부로 작게 해서는 안 되는 것으로 장래의 이론에서 나타나리라고 기대되는 기본적인 길이보다 작은 곳에서는 지금과는 다른 것을 생각하지 않으면 안 된다. 여태까지의 이론을 살린다면 그러한 작은 거리가 관계되는 곳에서는 이론의 사용을 삼가할 수밖에 없다. 문제는 미해결인 채로 남지만 그것은 따로 생각해 나가면 된다."

확실히 그가 생각한 과정은 옳다. 그렇다면 구체적으로 말해서 어디까지 지금의 이론이 사용되고 어디서부터 사용할 수 없게 되는가? 또 어느 현상에 사용되고 어느 현상에는 사용되지 못하는 것인가? 그것은 명백하지 않다. 하이젠베르크는 기본적인 길이로서 대충 원자핵의 크기에 해당하는 것을 생각했다. 그러나 중간자론의 성공은 하이젠베르크의 기본적인 길이보다 짧은 곳에서도 이론의 정당함을 가리키고 있다. 만약 이론이 사용될 수 없는 한계가 기본적인 길이라고 한다면 그것은 더욱 축소하지 않으면 안 된다.

하이젠베르크의 제자 오일러는 스승의 생일에 짧은 고무 끈을 선물로 바쳤다. 그것에는 "당신의 기본적인 길이"라고 적은 쪽지가 붙어 있었다.

"왜 그렇지? 오일러 군."

"네, 선생님. 선생님의 기본적인 길이는 이것처럼 늘어났다 줄어들기 때문입니다."

오일러는 고무 끈을 늘였다 줄였다 했다. 하이젠베르크뿐만 아니라 전 세계의 물리학자들은 여러 가지로 갈피를 못 잡고 있었다.

전기를 모으는 힘

이야기를 후지미고원의 사카타 팀으로 돌리겠다.

그들이 다룬 과제는 지금까지 하던 무한대에 대한 공격 시도를 재검토하고 새로운 돌파구를 만드는 일이었다. 사카타는 하이젠베르크의 의견에 반드시 반대하는 것은 아니었으나 처음부터 문제를 포기하지 않고 지금의 이론 가운데서 곤란한 문제를 집중해서 짊어질 수 있는 구체적인 대상을 구하려고 생각했었다.

2중간자론(2中間子論)에서는 중간자론의 여러 가지 곤란한 문제를 우주선 중간자에 집중시켜 성공을 거두었다. 무한대의 곤란도 어떠한 형태로 집약시킬 수 있을지 모른다. 그는 전부터 이렇게 생각했다.

이러한 검토 가운데서 보프의 이론이 취해졌다. 보프는 1940년에 전자기장의 수정 이론을 생각했다. 그보다 앞서 보른(Max Born, 1882~1970)과 인펠트가 비선형 전기역학(非線型電氣力學)이라는 것을 제창했다. 그것은 종래의 전자기장의 맥스웰 방정식이 전자기장을 각 항에 한 개씩 포함하는 선형이었던 것을 개량하여 전자기장을 몇 개나 포함하는 항(項)을 갖는 비선형성 방정식으로 바꾼 것이었다. 이 비선형의 특색을 살리면 유한한 에너지를 갖는 전자의 존재까지도 유도할 수 있는 것이다. 이것은 전자와 전자기장을 별개로 생각하지 않고 전자기장만으로 모든 질문에 일치시킨다는 일원론(一元論)을 토대로 한 재미있는 생각이었으나 다루기가 복잡해서 마침내는 움쭉달싹도 할 수 없는 것이 되었다.

"그렇게 된 이유는 전자기장과 같은 본래 장(場)의 성격을 가진 것과 전자라는 입자성을 가진 것에는 본질적인 차이가 있기 때문이다. 보른은 그것을 고려하지 않았다."

세미나에 참가한 다케다니는 이렇게 비판했다. 그런데 보프의 이론은 보른과 같이 일원론의 입장을 취하지 않기 때문에 선형 방정식만을 사용하여 전자에 유한한 에너지를 준다. 보른과 같은 효과가 나오는 것이다. 확실히 무한대가 나타나지 않는다는 점에서 유망한 것이다.

사카타 팀의 일원인 하라는 중대한 점에 착안했다. 보프의 이론이 성공하는 이유는 전자기장 이외에 질량을 갖는 스핀 1의 중간자장이 섞여 있기 때문이라는 것이다. 즉 전자기장과 중간자장의 두 세트의 장이 쌍방이 서로 협조해서 전자의 자체 에너지에 생기는 무한대를 소거(消去)한다. 전자와 전자기장과의 문제에 생기는 곤란은 전자에 작용하는 중간자장을 새로이 고려하면 이것에 흡수시킬 수 있다. 이것이 사카타가 노리는 방향이다. 물론 이 중간자장은 원자핵을 결합하는 파이중간자나 우주선의 뮤중간자도 아니다. 전혀 새로운 가설이다. 그러나 보프가 한 것은 양자론을 고려하지 않은 범위에서의 일이다. 이 이론으로 잘 된다고 해서 그것이 그대로 양자론에서 성공한다고는 말할 수 없다. 중간자장이 존재하는 확률은 음이 되기 때문이다. 존재 확률이 음이 될 일은 없으므로 난센스다.

그런 점에서 보프의 이론은 완전한 성공이라고는 말할 수 없다. 사카타는 다른 힌트를 주었다.

무한대에의 도전 – 하이젠베르크는 길이의 보편 상수가 그 위기를 구하고, 사카타는 응집력 중간
자장의 도입으로 무한대를 소거하려 했다

"그렇다면 메러와 로젠펠트가 핵력으로 특이성을 제거하기 위해 했던
방법을 모방하면 어떨까요? 즉 다니가와 씨도 잘 알고 있는 2중간자론(2
中間子論)의 출발점이 되었던 것 말입니다. 그들은 스핀 1과 스핀 0의 중간
자장을 사용한 셈인데 이와 같은 혼합 방식을 생각한다면 두 가지 효과는
반대로 나타나므로 마찬가지로 자체 에너지의 무한대를 상쇄시켜 줄지도
모릅니다. 이것이라면 확률이 음으로 되는 것과 같은 특별한 문제도 없어
양자론에서도 사용될 수 있을 것입니다.

지금의 경우 보프에 따르게 되면 전자기장은 스핀 1이므로 또 한 종류는 스핀 0의 중간자장이 됩니다. 그것은 물리적으로도 있을 수 있는 일로 생각됩니다. 전자의 자체 에너지가 무한대로 되는 것은 서로 반발하는 전기량을 한 점에 모으는 데 무한대의 작업이 필요하다는 데서부터 나온 것이므로 그러한 집중을 도와줄 수 있을 만한 전기적이 아닌 다른 인력(引力)이 필요하게 됩니다. 그 힘의 장은 전자의 극히 가까운 범위에만 생기면 될 것입니다. 장에 수반되는 소립자의 질량은 힘의 도달 거리에 반비례하므로 그 인력이 무거운 소립자로 실현된다고 한다면 그 소립자가 여태까지 관측되지 않았다는 사실과도 부합됩니다. 그러므로 스핀 0인 중간자장은 전기량을 응집시키는 장이라고 할 수 있습니다. 어떻습니까?"

이노우에와 다카키 두 사람이 사카타의 생각을 검토해 보기로 했다. 확실히 예상한 대로 전자기장과 전자, 응집의 역할을 하는 중간자장과 전자의 효과는 역으로 나온다. 두 종류의 장과 전자와의 결합 방식이 같다면 자체 에너지에 의해 무한대가 사라진다. 사카타 팀이 개가를 올렸다. 그러나 하라는 또 하나의 성과를 올렸다. 이노우에와 다카키의 계산은 전자를 상대론적으로 다루고 있지 않다. 역시 디랙의 상대론적 이론을 쓰지 않으면 안 된다. 이 경우에도 결과는 사카타가 생각한 것처럼 될까? 하라의 계산 결과는 성공이었다. 전자기장과 전자 및 응집 역할을 하는 중간자장과 전자의 각각의 결합 방법을 다소 바꾸는 것만으로도 역시 무한대는 없어진다.

모든 것은 순조로웠다. 여태까지 누가 시도해서도 실패한 전자의 자체 에너지의 무한대를 제거하는 데 성공한 것이다. 이것으로 소립자론을 감싸고 있던 요사스러운 기운이 가실 것이라고 생각했다. 1946년의 봄기운이 싹트기 시작할 때의 일이다.

무한대의 정돈

1947년경 도쿄는 전쟁이 휩쓸고 간 처참한 자취가 아직도 생생하게 남아 있었다. 그 무렵, 이미 대전 후의 소립자론의 경쟁이 시작되고 있었다. 불탄 자리에 남은 스산한 R연구소의 한 방에서는 열기 넘친 논쟁이 벌어지고 있었다. 도모나가를 중심으로 하는 T대학, E대학의 이론물리학자 팀이었다.

도모나가가 제기한 것은 전자가 원자핵에서 산란될 경우 전자기장이 어떤 효과를 미치는가 하는 문제였다. 전자가 산란되는 현상은 양자역학을 사용하면 최초의 근사(近似)로써 대체적인 설명이 가능하다. 그런데 산란의 앞뒤에서 전자는 광자를 방출하거나 흡수한다. 정확도가 높은 답을 내려면 근사를 진행시켜 그 효과도 고려하지 않으면 안 된다. 이렇게 되면 양자역학만으로는 부족하고 파동장(波動場)의 양자론이 필요하게 된다. 그런데 보정해서 구한 답이 다시 또 무한대가 되어 버린다. 즉 사카타 팀을 괴롭힌 문제가 여기서도 일어나고 있었다.

이런 사정은 1938년경 여러 가지로 검토되었다. 그로부터 10년이나 지난 지금에 와서 왜 도모나가가 이 케케묵은 문제에 흥미를 가지는가 하고 사람들은 이상하게 생각했다. 그러나 그에게는 약간 생각하는 바가 있었다.

그보다 앞서 1943년에 그는 '초다시간 이론(招多時間理論)'을 발표했다. 하이젠베르크와 파울리가 만든 파동장의 양자론은 내용상으로는 상대성 이론과 양자역학을 종합한 것이지만 얼핏 봐서는 잘 모른다. 그 때문에 여러 가지 계산이 아주 복잡하다. 그것을 개량하려고 디랙은 '다시간 이론'이라는 형식을 생각했으나 완전한 해결을 얻지 못했다. 도모나가는 그것의 완성이라고도 말할 수 있는 훌륭한 이론을 수립한 셈이다.

10년 전에는 전자가 산란되는 문제를 고전적인 형식으로 검토했었다. 그 때문에 곤란의 원인도 명확하지 않았다. 그는 자기가 생각한 새로운 형식으로 다시 한번 정리한다면 무엇이 원인인지가 분명해지고 해결의 길이 발견되리라고 생각했다.

전자의 산란 현상에 대한 무한대를 검토하는 도모나가 팀에 사카타 팀이 전자의 자체 에너지의 발산을 지우는 데 성공했다는 뉴스가 전해졌다. 이것은 팽개쳐 둘 수 없는 일이다. 그러나 도모나가 팀 전원은 속마음으로 그것과 이것과는 이야기가 다르다고 생각했다. 전자의 자체 에너지에 비하면 산란에 나타나는 무한대 쪽이 더 복잡하게 보인다. 응집력 중간자장의 이론이 성공했다고 해서 모든 무한대가 없어지지는 않을 것이다.

"전자의 산란에 대한 연습문제가 되기도 하니까 응집력 중간자장이 무한대의 근치(根治)에 만능이 아니라는 것을 한번 증명해 봅시다."

용감하게 나선 기바와 이토오, 두 사람은 예상대로 복잡한 계산 결과

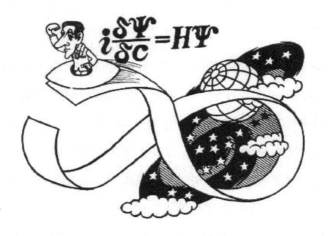

무한대 저편에 무엇이 있는가?

의 결론을 냈다. 응집력 중간자장이 산란 문제에는 통용되지 않는다는 뉴스는 즉각 흘러나갔다. 도모나가는 생긋 웃으면서 사카타에게 말했다.

"자네의 이론은 유감스럽게도 만능은 아닌 것 같아."

그런데 논문을 완성한 기바는 확인 삼아 다른 방법으로 계산해 보고는 얼굴빛이 싹 달라졌다. 새로운 계산 결과에 의하면 응집력 중간자장은 거뜬히 무한대를 제거했다.

"전자의 산란 현상에 대해서 전자기장을 방출, 흡수하는 효과를 구할 때 나타나는 무한대도 응집력 중간자장을 사용하면 완전히 제거할 수가 있습니다. 이전에는 이 점에 대해 틀린 보고를 드린 것을 이렇게 사과합니다."

기바는 이렇게 말하면서 대머리를 쓰다듬었다. 그의 더부룩하던 머리털이 모조리 빠진 것이었다.

"이것은 도모나가 선생의 새로운 방법을 사용한 덕분입니다. 틀린 해답을 낸 계산은 낡은 방법에 의한 것으로 10년 전의 계산에도 오류가 있습니다. 또 이 새로운 방법으로 전혀 성격이 다른 발산이 있다는 것도 알았습니다. 이것은 응집력 중간자장의 목표 속에는 없었던 것으로 이것에 의해 사카타 이론의 성공에 대한 가치가 떨어지는 것은 아닙니다."

도모나가 팀도 새로운 형식의 무한대를 발견한다는 다른 득점을 한 셈이 되었다. 그들이 전쟁으로 불탄 도쿄에서 얻은 것은 여러 가지 무한대가 결국은 두 개의 형식으로 정리될 수 있다는 사실이었다. 한 가지 형식은 응집력 중간자장으로 피할 수 있는 성질의 것으로 전자의 자체 에너지와 동일한 본질을 갖고 있다. 응집력 중간자장은 그것을 명확히 끌어내 준 셈이다. 무한대의 태반을 정리하고 난 나머지 것은 다른 형식의 것이라 할 수 있다. 이 다른 형식은 진공이 편극(偏極)을 일으키는 결과로 발생한다. 진공이 아닌 매질(媒質)에서는 외부로부터 전자기장을 가하면 전기가 음-양으로 갈라진다. 이것을 편극이라 한다. 그런데 진공이 외부에서 가해진 전자기장에서 편극된다는 것은 이전에는 생각할 수도 없었던 이야기다. 그런데 디랙의 이론에서 제시된 바와 같이 진공에는 음에너지의 전자가 무한히 충만되어 있다. 이 때문에 전자기장을 가하면 그 일부가 양에너지로 전환되기 때문에 음-양의 전기로 갈라져서 편극되는 것이다. 전자의 작용은 편극된 매질을 통과시키는 것이 되므로 전자의 전기량을 변화시키는 효과가 되어 나타난다. 따라서 이 새로운 무한대는 결국 전자의 전기량을 제로로 만들어 버린다.

쉘터 아일랜드의 두뇌

일본의 물리학자가 활동을 시작했을 무렵 미국에서도 이미 경쟁은 시작되고 있었다.

1947년 6월, 쉘터 아일랜드(Shelter Island)에서는 어떤 실험 결과를 둘러싸고 물리학자들이 열심히 토의를 계속했다. 윌리스 램(Willis Eugene Lamb, 1913~2008)과 로버트 레서포드(Robert C. Retherford, 1912~1981)가 수소 원자의 에너지 준위(準位)에 있는 '초미세 변위(超微細變位)'를 발견했던 것이다. 수소 원자의 에너지 준위야말로 발머(Johann Jakob Balmer, 1825~1898)가 발견한 스펙트럼선의 계열이 양자역학을 탄생시킨 발판이 된 것으로 미루어 그 인연이 얕지 않다.

스펙트럼선은 원자 내의 전자가 갖는 여러 가지 상태에 에너지의 차가 있기 때문에 생긴다. 그것들의 선을 자세히 관찰하면 한 줄로 보이는 것이 사실은 여러 개의 선의 집합이라는 것을 알 수 있다. 이것은 거의 같은 에너지를 갖는 전자에 조금씩 다른 상태가 있기 때문이며 그 근소한 에너지 차가 스펙트럼에 미세구조를 준다. 디랙의 상대론적 전자론이 성공한 이유 중 하나는 이것을 설명했기 때문이다. 그러나 그래도 같은 에너지를 갖는 상이한 상태의 전자가 남아 있어서 동일한 스펙트럼선을 준다. 이제는 더 이상 에너지의 값이 달라질 이유도 없고 실험으로도 식별되지 않는다.

이렇게 생각하던 물리학자들 사이에 램과 레서포드가 미세보다 더 초미세(超微細)한 선의 간격을 식별할 수 있었다는 결과를 던져 주었다. 그들은 레이더(radar)의 개발로 진보한 마이크로파 기술을 응용하여 두 개가 중합(重合)되어 있다고 생각되는 상태와 그 위의 상태와의 에너지 차를 정확히 측정했다. 그 에너지 차, 즉 스펙트럼선에는 상이한 데가 있다. 그렇다면 두 개의 상태가 중합되어 있다고 생각한 것은 틀린 것이다. 그렇다면 중합되지 않는 이유는 무엇일까? 이론물리학자는 그 답을 발견하지 않으면 안 된다. 이 자리에 모인 미국을 대표하는 물리학자 로버트 오펜하이머(J. Robert Oppenheimer, 1904~1967), 한스 베테(Hans Albrecht Bethe, 1906~2005), 빅터 바이스코프(V. F. Weisskopf, 1908~2002), 줄리언 슈윙거(Julian Schwinger, 1918~1994) 등은 머리를 싸맸다.

"원자핵의 힘이 전자의 운동에 영향을 주는지도 모르겠다."

"진공이 편극하는 효과를 나타내는 것이 아닐까?"

"그러나 그것들은 모두 다 너무 작다. 램의 결과는 약 1,000메가사이클의 작은 차이이므로 이것을 설명하는 데는 그 효과로는 아주 부족하다."

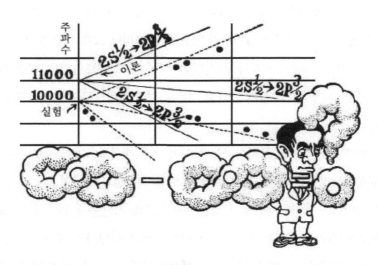

무한대로부터 무한대를 그어나갈 수 있게 되었는데 – 극초단파를 흡수시킨 결과, 수소 원자의 동일 스펙트럼선을 주었을 때 나타나는 두 개의 상태 사이에 차이가 있다

가까스로 한 사람이 말했다.

"전자의 자체 에너지에 의한 것이 아닐까?"

"글쎄, 그럴지도 몰라. 그러나 전자의 자체 에너지를 계산하면 무한대가 되거든. 그렇다면 계산해도 답을 낼 수 없지 않은가?"

"아니야, 답을 낼 수 있는 가능성은 있어. 두 준위에서는 전자의 운동 상태가 달라. 이것은 다분히 모험적인 말이지만 운동 상태가 다른 전자의 자체 에너지는 설사 무한대라 할지라도 두 개의 답에는 차이가 생길 것이고, 동질의 무한대이므로 무한대 마이너스 무한대라는 결과는 유한이 될 거야. 그것이 잘 설명이 된다면 유한한 에너지의 어긋남도 설명할 수 있을 거야."

"무한대 마이너스 무한대라는 모험을 해서 과연 기대하는 크기의 양을 얻을 수 있을까?"

실은 누구도 자신이 없었다. 그러나 이 밖에 어떤 이유도 발견되지 않았다.

베테가 곧 계산을 떠맡았다. 그는 우선 전자를 상대론적으로 다루는 것을 피하고 다소 불만족한 점이 있어도 참은 덕분에 2주일 만에 답을 내놓았다. 그 답은 1,040메가사이클이었다. 램 등의 결과와 딱 일치했다. 그들의 예상은 당사자들도 놀랄 만큼 적중했다.

이 뉴스는 금방 전 세계로 전달되었다. 지금까지 무한대는 처치 곤란한 훼방꾼으로만 단정하고, 그 때문에 이론의 결과를 얼마만큼 신용해도 될지 난처해하던 사람들도 무한대를 잘 처리하면 현재의 이론도 꽤나 쓸모가 있다는 것을 알았다. 어떻게 하면 잘 처리할 수 있을까? 그것이 성공했다 치고 확실한 이론으로 구한 램의 편차는 얼마만큼이나 될까? 사람들의 관심은 그 점에 집중되었다.

여러 가지 형태를 취해서 나타난 무한대는 결국 두 가지로 정리된다. 그 하나는 전자의 질량을, 다른 하나는 전기량을 변화시키는 효과로 볼 수 있다. 다만 그 변환 방법이 무한대인 것이 만족스럽지 않다. 거기서 역으로 규준을 바꾸어서 무한대인 양만큼 변화시킨 결과, 실제로 관측되는 전자의 유한한 질량과 전기량으로 되었다고 본다면, 무한대의 결과는 질량과 전기량으로 귀착할 수 있다. 질량과 전기량이 무한대가 된다는 것을 묵살한다면 그 밖의 현상에서 무한대는 완전히 자취를 감출 것이다. 아무튼 무한대를 재규격화(再規格化)해 버리자. 많은 사람이 거의 동시에 같은 생각에 도달했다. 그러나 '재규격화(Renomalization)'의 아이디어를 완전한 이론 형식으로 제시한 것은 도모나가 팀과, 도모나가의 초다시간 이론(超多時理論)에 자극받아 스타트한 슈윙거와 완전 특이한 방법을 취한 리처드 파인만(Richard Phillips Feynman, 1918~1988)이었다. 이리하여 전자와 전자기장에 대한 소립자의 이론은 일단 위기를 피할 수 있었다.

현재 이 방법으로 구한 답은 어떤가? 램의 차이의 실측값은 1057.8메가사이클이고 그 이론값은 1057.9메가사이클이다.

계속되는 시도

도모나가, 슈윙거, 파인만에 의해 만들어진 전자와 전자기장에 관한 이론은 성공적이었다. 무한대의 어려운 문제가 완전히 해결된 것은 아니지만 그 어려운 곳을 확실하게 피해서 뚫고 나갈 길이 발견된 것이다. 전 세계의 물리학자들은 너도 나도 다투어 그 방법을 사용하고 생각할 수 있는 모든 현상에 대한 답을 찾았다. 또 이 방법은 고체의 성질을 조사하는 데도 효과적이었다.

소립자론은 상대론적 양자역학(특히 양자전자역학)이 화려하게 전개되고 있던 1940년대부터 1970년대에 걸쳐 변화해 왔다. 현재 소립자론은 전자와 광자만이 아니라 막대한 종류의 소립자를 상대한다. 빛과 전자만을 생각하는 양자론은 거꾸로 매우 특수한 것으로 보고 있다.

질량과 전기량 속에 격리해 보기는 했으나 무한대는 역시 어딘가에 결함을 나타낸다. 무한대를 재규격화하는 처방은 중간자론에서는 쓸 수 없을 것이라고 했다. 재규격화 처방이 쓰일 수 있을 만한 이론만 생각하면 된다는 철학(哲學)도 한때 유행했다.

도모나가가 재규격화 이론을 제창했을 때 그는 두 가지 단계를 나누어 생각하려 했다. 우선 무한대의 망령에 동여매 있던 이론을 실제의 현상과 대결할 수 있게 하자. 그렇게 하고 나서 무한대를 처리할 수 있는 장래의 이론을 만들자는 것이었다.

복잡한 소립자와 대결하게 된 많은 과학자는 모두 앞의 길로 나갔다. 현상과 딱 결부되는 방법으로써 '분산공식(分散公式)의 이론'을 사용하게 되었다. 대충 말한다면 갑의 현상과 을의 현상을 그 공식으로 결부시켜 한쪽 지식으로부터 다른 쪽을 결론짓는다.

현재의 소립자론은 높은 에너지 영역, 즉 미소한 거리까지도 실제로 사용될 수 있을까? 그것은 실험의 결과와 이론의 답을 대조시켜서 판정할 수 있을 것이다.

물리학자 A는 말한다.

"무한대는 그것을 소멸시킬만한 입자가 따로 있어, 다른 입자의 무한대를 다시 그다음의 것이 소멸시킨다는 기구가 자연에는 있는 것이겠지요. 자연의 답에는 무한대가 없으며, 어쨌든 막대한 종류의 소립자는 있을 것 같으니까요."

또 물리학자 B는 다른 의견을 낸다.

"지금처럼 급속히 소립자 현상의 지식이 집적되고 있는 시대에는 현상을 정리하기 위한 무기가 필요합니다. 그것이 분산공식일지도 모릅니다. 그러나 그것이 정말로 자연의 근본 법칙을 지배하는 이론이라고는 생각되지 않아요. 마치 옛날의 열현상(熱現象) 이론과 같아요. 그것은 더 진실한 것, 즉 분자의 이론으로 바꿔 놓았습니다. 소립자 현상에 대해서도 이 다음에 더 근본적인 이론이 필요하게 될 것이고 무한대의 문제도 격리시켜 두고 있을 뿐만 아니라 본격적으로 연구하게 되리라고 여겨집니다."

소립자론에 존재하는 무한대에 대해서 현재로는 상당한 의견 차이가 있다. 당연한 일이지만 무한대의 문제가 남아 있는 한 그 논쟁은 계속될 것이다.

유카와 기념관에 모인 젊은 사람들……
다케다니를 둘러싸고

제8장

비국소장

소립자론의 곤란한 문제 중 하나는 소립자의 크기를
생각하면 해결될 것이다. 그러나 그것은 결코 간단한 문제가
아니다. 양자역학과 상대성이론이 큰 장벽이 되어 앞을
가로막고 있다. 그 너머를 향해서 노력이 시작된다.

유카와의 동그라미

K대학 물리학 교실의 신관에서는 창 너머로 히에이산이 뚜렷이 보인다. 주위가 농장으로 둘러싸인 이 근처는 때때로 멀리서 염소의 울음소리가 들릴 뿐, 고요 그 자체다. 쇼와(昭和, 1926~1989) 초기의 대학은 이런 한가한 곳이었다.

두 청년은 새로운 물리학을 향해 나날이 노력을 쌓고 있었다. 한 사람은 방안을 왔다 갔다 하면서 생각한다. 또 한 사람은 책상에 앉아 곰곰이 여러 가지로 궁리하고 있다. 두 사람의 머리에는 갖가지 아이디어가 떠오른다. 그러나 이것이다, 하고 여겼던 착상도 온종일 골똘히 궁리해 보면 전부 난센스로 생각된다. 그리고 이튿날 아침에는 또 기운을 내서 고쳐 생각하는 것이다.

유카와와 도모나가가 K대학을 졸업한 해, 하이젠베르크와 파울리는 공동으로 파동장(波動場)의 양자론을 만들었다. 양자역학과 상대성이론의 완전한 통일이라고 생각되었던 이 이론도 실은 무한대라는 결함을 가지고 있었다는 것은 앞에서 말했다. 젊고 야심에 불타는 두 청년이 이 결함을 자기의 손으로 제거해 보려고 생각했다 한들 무리가 아니었다. 청년이 목표로 하는 곳은 어느 시대에도 황야(荒野)이다. 결국, 문제는 곧 젊은이의 손으로 처리할 수 있을 만큼 간단한 것이 아니었다. 그러나 그들이 야망을 품었던 것은 허사가 아니었다. 그로부터 20년쯤 지난 뒤 도모나가는 무한대를 격리하는 재규격화 이론을 세웠고, 유카와는 무한대를 유한화하는 방법으로서 비국소장(非局所場) 이론을 제창하게 되었기 때문이다.

이야기를 다시 되돌리겠다. 두 사람이 생각하고 있었던 것은, 무한대가 생기는 기구(機構)를 바꾸어 곤란을 피하는 일이었다.

"무한대는 짧은 파장을 갖는 파동이 관계해 오기 때문에 나타난다. 일정한 크기를 갖는 물체는, 물체의 크기보다 짧은 파장을 갖는 파동을 절대 흐트러뜨리지 않는다. 즉, 그와 같은 파동은 물체와 상호작용을 하지 않는다. 전자와 전자기파에 대해서도 이 생각은 적용될 수 있을 것 같다."

"그렇다. 만약, 전자가 크기를 가지고 있으면, 전자와의 상호작용에서 관계하는 전자기파는 전자의 크기보다도 파장이 긴 것에 한정되며, 무한대가 생길 리가 없다. 현재의 파동장의 양자론에서는 전자의 크기를 고려하고 있지 않다. 이 때문에, 짧은 파동을 제한할 수 없어서 무한대가 생기는 것이다."

생각하며 고민 - 유카와는 시간적으로나 공간적으로나 같게 확대되어 간다는 것을 생각했으나,
도모나가는 시간적 확대를 제한하는 고양이 눈 모양의 것을 생각했다

"그러나 이 생각을 어떻게 양자론 속에 집어넣을 수 있을까?"

그들의 골치를 썩히는 것은 이 점이다.

"확실히 어렵다. 파동장의 양자론은 상대성이론에 따른다는 엄격한
제한이 있다. 전자의 크기라는 생각은 반드시 이것과 조화하지는 않는다.
운동하는 좌표계에서 보면, 어느 경우에는 전자의 크기가 단축되고, 다른
경우에는 그것이 늘어난다. 어느 것이 본래의 크기인지 확실하지 않기 때
문이다."

"게다가 상대성이론에서는 공간도 시간도 대등하므로 전자는 공간

으로 퍼지는 것만이 아니라 시간의 방향으로도 퍼진다는 기묘한 것이 된다."

오랫동안 그들은 이 문제를 추적했다. 몇 해가 지났다.

유카와는 흑판에 동그라미를 그리는 일이 많아졌다. 동그라미 옆에는 시간과 공간을 세로와 가로에 그린 좌표가 붙어 있었다. 그는 시간 방향과 공간 방향으로 공평하게 퍼진 기술형식(記述形式)을 생각했다. 만약에 이런 기술형식이 가능하다면, 공간적으로나 시간적으로 퍼져나간 소립자를 다룰 수 있다고 생각했기 때문이다.

그러나 그것은 어려운 문제다. 물리학의 법칙은 보통 일정한 시각에 준비된 대상이 그 후의 시간에서 어떻게 변하는가를 기술하도록 만들어진다. 이것은 양자역학에서나, 파동장의 양자론에 있어서도 마찬가지다. 그런데, 그는 어떤 시간의 전후에 걸쳐 대상을 단번에 하나의 사건으로서 기술하려고 했기 때문에 어려운 것이다. 첫째, 그 대상에서는 어느 것이 원인이고 어느 것이 결과인지 인과 관계가 뒤죽박죽되어 버린다. 한 사람의 어린 시절, 청년 시절, 노년 시절의 사진을 이어 붙여서, 그 사람의 사진이라고 말한다면 무척 희한한 것이 될 것이다. 아기의 얼굴에는 그에 해당한 신체가 아니면 아무래도 괴상할 것이다. 그러나 소립자의 세계에서는 이와 비슷한 일을 생각하지 않으면 안 된다. 도모나가는 유가와가 생각한 동그라미를 가만히 들여다보고 있다.

"유카와 씨의 생각은 재미있지만 약간 무리가 있는 듯하다. 좀 더 다른 방법을 쓴다면 잘 되지 않을까?"

그러나 그들에게는 아직 돌파구가 발견되지 않았다. 그리고 두 사람은 동과 서로 각각 다른 길을 걷기 시작했다. 1930년경이었다.

그 후, 도모나가는 R 연구소에서 전자와 빛의 현상과 대결하게 되었다. 유카와는 O대학으로 옮겨 원자핵의 수수께끼에 도전했다. 유카와는 중간자론을 제창했고, 도모나가는 중간자의 새로운 취급법을 생각해 냈다. 그러나 그들은 다시 동그라미의 문제로 되돌아 왔다.

1943년, 도모나가는 초다시간 이론(超多時間理論)을 제창했다. 거기에는 유카와의 동그라미가 납작해진 채 살아 있었다. 도모나가는 동그라미의 일부를 역시 과거로 하고, 다른 부분을 미래로 함으로써 앞의 어려운 문제를 뚫고 나갔다. 그는 동그라미를 고양이 눈, 즉 원반과 같은 형태로 바꿈으로써 상대성이론과 훌륭하게 조화된 이론을 얻었던 것이다.

유카와의 동그라미는 하늘을 나는 원반으로 바뀌어, 재규격화 이론에서 종횡무진 활약을 시작하게 되었다.

후속타가 없는 시도

이야기를 조금 전으로 돌리자.

"가령 중간자론이 성공했더라도 무한대의 결함이 남아 있는 한, 소립자론은 완전한 것이 아니다."

유카와가 다시 생각하게 된 것은 중간자론이 궤도에 오르고부터의 일이다.

210

유카와를 중심으로 하는 그룹이 중간자론을 건설하는 사이, 해외에서는 무한대를 둘러싸고 여러 가지 시도가 계속되고 있었다. 1934년 와타긴은 문제가 되는 짧은 파장의 일부분을 없애는 절단 인자(切斷因子)를 도입하려 했다. 그러나 어떻게 해서 절단 인자가 나오는가에 대해서 그는 명확한 대답을 하지 못했다.

그 대답 비슷한 것을 1940년 마르코프가 내놓았다. 그는 시간-공간의 좌표와 소립자의 장(場)을 나타내는 함수, 즉 장(場)의 양(量)은 동시에는 정확히 측정할 수 없다는 이론을 생각했다. 장의 양은 보통, 위치로부터 정확히 결정되는 함수라고 생각되고 있다. 그런데 양자역학에서 위치와 운동량은 동시에는 정확히 측정하지 못한다. 그의 이론에 따르면 장의 양을 정확히 결정하면 시간-공간의 좌표는 어느 정도 불확실성을 가지게 된다. 좌표의 불확실성의 범위에서밖에 전자의 존재를 말할 수 없게 되므로, 이것이 전자의 크기가 된다. 중대한 힌트를 얻은 유카와는 다시 이 문제를 추구하기 시작했다.

"좌표와 동시에는 정확하게 측정할 수 없는 장의 양을 생각하는 것은 이론 속에 소립자의 크기를 도입하는 가장 좋은 방법이다. 그러나 그 장의 양은 어떤 함수로서 주어지는 것일까? 그것을 결정하는 방정식은 어떤 것일까?"

"장을 좌표와 동시에 확정할 수 없게끔 하는 이유는 장의 양이 좌표 이외에 운동량을 변수로써 포함하기 때문일 것이다. 왜냐하면 양자역학에서 좌표와 동시에 정확히 측정할 수 없는 것은 운동량이기 때문이다. 마

재미있으나, 후편이 나을까?

찬가지로 장의 양은 운동량과도 동시에 확정할 수 없게 될 것이다. 좌표
와 운동량은 양자역학에서는 완전히 대칭적인 역할을 해 왔기 때문이다.
보른은 장의 이론에도 이 두 가지 양의 대칭적인 역할을 도입하는 상반원
리(相反原理)라는 것을 생각하는데 이것은 중대한 점이다.”

　　한동안 물리학회 강연의 마지막에는 언제나 일정하게 유카와의 ‘소립
자론에 있어서의 하나의 시도’가 이어졌다. 학회에 출석한 사람들은, 명물
인 와다나베와 다케다니의 물리학의 진행법에 의한 주고받음, 즉 와다나
베와 그 악단(樂團) 덕분에 폭소하고, 마지막에는 심각하게 번민하는 유카

와의 한 가지 시도로써 물리학의 어려움을 맛보았다. 좌표와 운동량의 함수로서의 장의 양이란?

도모나가의 고양이 눈의 형식으로 시작되는 재규격화 이론이 급속히 진행되기 시작했다. 대부분의 물리학자는 그 훌륭함에 경탄했다. 그러나 재규격화 이론에서는 무한대의 문제를 해결하지 못했다. 유카와는 변함없이 자기 길을 걷고 있었다.

1949년, 도미한 유카와는 마침내 비국소장(非局所場)의 생각에 도달하고 아름다운 방정식의 세트를 완성했다. 프린스턴 고등 연구소에서 그는 말했다.

"지금까지 생각해 온 장의 양은 한 조의 시간-공간의 좌표로서 결정된다는 뜻이며, 디랙이 명명했듯이 국소적인 장이라고 말할 수 있습니다. 이것에 반해 많은 좌표의 세트를 생각하지 않으면 결정할 수 없는 장의 양을 생각합니다. 이것을 비국소적인(점과 같이 국소화할 수가 없다) 장이라고 명명합니다. 그 국소화할 수 없는 성질이 소립자의 크기를 부여하는 셈입니다."

그는 비국소장에 대해 생각한 방정식을 제시했다. 그것은 마르코프의 생각은 물론이고, 보른의 좌표와 운동량의 상반 원리를 도입한 것이었다.

"그 방정식을 조사해 보면, 비국소장은 두 조의 좌표에 의해서 결정된다는 것을 알 수 있습니다. 구조를 생각하지 않는 한 개의 원자에 국소장을 비유한다면, 비국소장은 2원자 분자(二原子分子)에 해당합니다. 분자가 전체의 이동과 중심(重心) 주위를 회전하는 두 가지 운동을 하는 것은 아시는 바와 같습니다. 분자의 이동은 1원자의 경우와 다르지 않으나, 분자가 1원자와 다른 것은 회전할 수 있다는 점입니다. 회전하는 분자는 외부에서 오는 파동에 대해 마치 두 개의 원자 사이의 거리를 지름으로 하는 큰 원자처럼 행동할 것입니다. 비국소장은 꼭 이와 흡사한 것으로 되어 있습니다."

질문이 나왔다.

"크기가 고려된 것에서부터 발산도 아마 소거할 수 있는 셈이군요."

"그것이 이 이론의 목표입니다."

유카와는 많은 기대를 하고 있었다. 프린스턴 고등 연구소에는 세계 각지에서 온 여러 학자들이 모여든다. 파울리도 그중 한 사람이었다. 익살맞은 파울리는 유카와를 만나자마자 이렇게 말했다.

"자네가 한 일은 무척 재미있네. 특히 논문의 타이틀에 I 이라고 쓴 점이 마음에 들었어. 그러나 유감스럽게도 II라는 논문은 영구히 나오지 않을 것일세."

귀국 선물

콜롬비아대학의 연구실 칠판에는 전면에 수식이 가득 쓰여 있다. 그 앞을 왔다 갔다 하면서 유카와는 생각에 골몰하고 있었다. 그의 머릿속에서는 새로운 논문의 구상이 정리되고 있었다.

"이상하다."

큰 선물을 가지고 돌아오다

그는 중얼거리면서 칠판의 수식을 미련도 없이 싹 지워 버린다. 그리고는 다시 새롭게 칠판을 메우기 시작한다.

1953년 초, 유카와는 귀국 전의 분주한 시간을 쪼개어 연구에 골몰하고 있었다. 그는 미국에서의 연구 생활의 종지부가 될 것이며, 앞으로 일본에서의 연구의 스타트가 될 현재의 작업을 꼭 완성해야겠다고 생각했다.

그는 비국소장의 이론을 제창했다. 그것은 소립자가 크기를 갖는다는 것을 고려해 무한대가 나타나는 근원을 끊어 버리려는 것이었다. 그가 미국에서 줄곧 씨름해 온 것이 이 이론이다.

소립자를 점 모양인 것으로 생각하는 지금까지의 이론으로부터 한걸음 벗어난다는 것은 무척 노력을 요하는 일로써 아마도 십중팔구는 실패로 끝날지도 모른다. 유카와가 생각한 비국소장이라 할지라도 낙관할 수는 없다. 파울리가 익살을 떤 것도 이유가 있다. 유카와는 파울리에 반발하여 II 논문을 만들었으나 결과는 만족스럽지 못했다. 일본의 젊은 연구자들이 비국소장 이론을 검토한 결과가 미국에 있는 그에게로 연달아 전해져왔다. 그것을 본다면 무한대는 근절되었다고는 아직 말할 수 없을 것 같다. 그러나 유카와는 비국소장의 목표가 근본적으로 틀렸다고는 생각하지 않았다.

"비국소장에는 국소장에 없는 뛰어난 점이 있다. 그것은 여태까지의 이론에서는 소립자의 종류마다 각각의 국소장을 마련하지 않으면 안 되었던 것에 비해 비국소장에서는 여러 가지 종류의 소립자를 한 묶음으로 다룰 수 있기 때문이다. 여태까지 생각한 비국소장에서는 이점을 충분히 고려했다고는 말할 수 없으나 그것은 이제부터의 문제다. 어쨌든 소립자론의 현황으로 보아 올바른 방향으로 나가고 있는 것만은 확실하다고 생각한다. 새 입자의 발견으로 인해 소립자의 종류가 증가했지만 새로이 등장한 소립자는 낡은 소립자와 역할이 중복되어 있다. 이 사실에 주목한다면 틀림없이 여러 가지 소립자를 한 묶음의 세트로서 볼 수 있을 것이다.

그러므로 소립자의 세트를 다루는 비국소장의 이점은 충분히 살아난다. 비국소장은 소립자를 통일적으로 기술하는 적절한 양인 것이다."

"일본에서의 분석으로 알게 되었듯이 무한대가 근절되지 않는 이유를 다시 한번 고쳐 생각하지 않으면 안 된다. 이것은 아마 소립자의 크기가 처음의 예상대로 이론에 잘 도입되어 있지 않기 때문일 것이다. 개개의 소립자의 크기라고 한들 각각의 소립자는 모두 별개의 크기, 더 일반적으로 말한다면 다른 구조를 가지고 있을지 모른다. 게다가 소립자가 서로 상호작용을 미치는 한 각각의 구조도 다른 소립자의 영향을 받아 결정될 것이 틀림없다."

이렇게 자문자답하던 유카와는 중대한 점을 깨달았다.

"소립자론의 무한대가 근절되지 않는 것은 하나하나의 소립자만을 생각하기 때문이다. 이 세상에 여러 종류의 소립자가 있다는 사실과 무한대의 근절과는 분리할 수 없을 것이다."

이것은 사카타가 응집력 중간자장에서 다루었던 생각과 비슷하다. 그러나 유카와는 더 근본에서부터 생각하고자 했다. 이 세상에 왜 많은 종류의 소립자가 존재하는가를 밝히는 것이 동시에 무한대를 근절하는 길과 통한다…

"개개의 소립자의 구조와 여러 가지 소립자의 존재와는 동일한 근거를 가지고 있다. 소립자에 여러 가지 질량을 가진 것이 있다는 사실과 소립자의 구조를 결부시켜 보자."

그는 이렇게 생각하고 논문 하나를 완성했다. 「소립자의 구조와 질량

스펙트럼」이라는 제목의 논문이었다. 소립자의 크기만 추적했던 여태까지의 비국소장을 더 큰 규모의 '소립자의 통일 이론'으로 비약하게 하는 출발점이었다. 유카와는 가치 있는 선물을 가지고 일본으로 돌아왔다.

점과 선

이탈리아 잡지에 실린 논문이 3년간이나 그 중요성을 깨닫지 못하고 있었다는 사례는 정보가 발달한 오늘날에도 있다.

1959년 레제(T. Regge)는 흥미로운 일을 착상했다.

입자가 적당한 힘으로 얼마만큼 산란되는가는 그 현상이 얼마만큼 확실성을 가지고 일어나느냐는 확률의 문제다. 양자역학에서는 제곱을 하면 확률이 되는 확률파를 생각하므로 결국 산란에 대한 확률파를 아는 것이 문제다. 확률파는 입자의 집합을 나타내므로 그 속의 입자를 각운동량의 차이에 따라 조로 나누면 편리하다. 각운동량의 값이 다른 입자는 특정 방향으로 산란되는 비율도 다를 것이므로 산란 후에 입자가 어떻게 분포하는가를 명확히 알 수 있기 때문이다. 양자역학에서 각운동량은 0, 1, 2, …와 같은 정수의 값만을 허용한다. 산란되는 파동 전체도 이들의 여러 가지 정숫값을 취하는 각운동량에 상응하는 개개의 파동의 중합으로 되어 있다. 따라서 여러 가지 방향에서 산란 입자를 검출할 수 있도록 실험을 고안하여, 방향에 대한 분포를 구한 다음 이론과 실험 결과를 서로 대조해 보면 어떤 각운동량을 갖는 입자가 많이 산란되는가를 알 수 있다.

그 결과로부터 입자의 성질이나 입자를 산란시키는 힘의 상태가 추정된다. 이것이 지금까지의 산란 문제를 해석하는 방법이었다.

이 방법은 입사하는 입자의 에너지가 낮으면 여러 가지 각운동량을 갖는 것이 그다지 많지 않았으므로 성공했다. 그러나 입자의 에너지가 높아지면 여러 가지 각운동량을 갖는 입자가 혼합하여 매우 복잡해져 버린다. 그것을 더 간단하고 알기 쉬운 것으로 하려면 어떻게 할 것인가? 확률파를 각운동량을 복소수(複素數)의 변수로 하는 복소함수(複素函數)로 바꿔 생각하면 된다. 이것이 레제가 주장하는 요점이다.

각운동량은 굳이 정수에 한할 필요가 없고 실수부나 허수부도 가지며 그 값이 연속적으로(띄엄띄엄이 아니고) 변화한다고 해 보자. 그것에 따라서 확률파의 상태도 변화한다. 확률파는 입자의 에너지에 의해서 좌우될 것이므로 결국은 각운동량과 에너지 사이에는 관계가 있다. 에너지를 변화시키면 각운동량이 변하고 확률파의 모양이 변화한다는 구조다. 또 에너지에 의한 확률파의 변화 상태를 알면 그것에 상당하는 각운동량의 크기도 알게 된다. 그런데 양자역학에서는 각운동량은 정숫값만을 취해야 한다는 것이다. 이 생각은 모순처럼 생각되었다.

그래서 레제는 이와 같은 해석을 했다. 각운동량의 실수부의 값이 변화하여 그것이 마침 정숫값을 취할 경우에 확률파가 갑자기 그 이외의 경우와는 달리 극단적으로 큰 값이 되는 것이라고 하자. 그렇다면 결국 그 큰 값의 부분만 돋보이므로 그것으로 현실의 확률파가 결정된다. 이렇게 하면 지금까지 양자역학에서 정수의 각운동량만을 고려하면 된다는 것이

소립자를 나란히 놓으면 – 질량과 스핀을 가늠해 본다면 소립자는 간단한 선 위에 정렬된다. 점 (소립자)의 배후의 선에 의미가 있는 것 같다

납득이 된다.

　레제의 발견은 까다로운 수학상의 기법(技法)에 지나지 않은 것처럼 보였다. 그것이 그의 이론을 3년간이나 잠자게 한 원인이었다. 그러나 그 사고 속에는 뜻하지 않았던 실마리가 있었다.

　1962년이 되어 제프리 츄(Geoffrey Foucar Chew, 1924~2019)와 프라우치는 죽은 괴물인 프랑켄슈타인(Frankenstein)을 소생시켰다. 레제 이론의 특징은 각운동량과 에너지에 일정한 관계를 지을 수 있다는 점이다. 거기에다 확률파가 각운동량의 함수로 주어진다는 것은 높은 에너지에서의 현상을 관찰하는 데도 편리하다.

"이것은 소립자의 이론으로도 사용할 수 있다. 레제의 생각이 성립되기 위해서는 입자를 산란시키는 힘에 제한이 있어서 어떠한 힘의 경우라도 유효한 것은 아니다. 그런데 소립자 사이에 작용하는 힘이 어떤 것인지가 그다지 분명하지 않기 때문에 이 이론을 도입하는 것은 하나의 모험이다. 그 모험을 한번 해 보자."

이렇게 결심한 것은 행운이었다.

"소립자와 소립자가 충돌을 일으킬 경우 두 개의 소립자가 모여서 새로운 상태를 만든다. 그 경우에 레제의 이론을 적용해 새로운 상태가 갖는 각운동량을 복소수로 고쳐 생각하고 그것이 에너지와 더불어 변하는 것으로 한다. 각운동량이 실수일 동안에 상태는 충돌한 소립자로부터 합성된 복합 입자로서 행동하여, 마치 정숫값을 취하는 것과 같은 상태가 현실로 나타나 통상적인 소립자로 보인다. 그런데 에너지가 높을 경우 각운동량은 실수가 아니고 복소수가 된다. 허수부의 크기는 상태가 붕괴하는 모양을 가리키고 안정되지 않은 소립자, 즉 공명 상태인 것처럼 행동할 것이다. 이 경우에도 각운동량의 실수부가 정수로 되는 상태가 현실에서 나타나는 것은 보통 소립자와 같을 것이다. 그것이 관측되고 있는 공명 상태이다. 각운동량의 실수부만 본다면 복합 입자나 공명 상태 모두 구별 없이 에너지에 따라 각운동량이 여러 가지 정숫값을 취하므로 각운동량과 에너지를 가로와 세로의 축으로 취한 그림에서는 점이 규칙적으로 정렬하게 될 것이다. 만약 각운동량이 정수가 되지 않는 경우도 덧붙여 고려한다면 점은 선으로 바뀔 것이다."

　츄의 예상은 적중했다. 가로축에 에너지의 제곱을, 세로축에 각운동
량, 즉 스핀을 취한 그래프에 연달아 발견되는 소립자와 소립자의 공명
상태를 적어 넣자, 그것들이 멋진 직선을 그리면서 정렬하기 시작했다.
물론 실제로 보이는 것은 그래프 상의 띄엄띄엄한 점에 지나지 않는다.
그러나 점이 규칙적으로 정렬한다면 점과 점을 연결하는 선을 생각한다
는 것은 의미가 있다. 에너지란 소립자의 질량과 같은 것이다. 각운동량
은 단독 소립자에 대해 말한다면 소립자의 스핀인 것이다. 그 사이에 간
단한 관계가 있었다. 그것은 중대한 발견이다. 지금까지 질량이나 스핀이
다르기 때문에 흩어져 보였던 많은 소립자가 이 간단한 관계 아래서 하나
의 맥락을 얻었다. 소립자를 더욱더 통일하게 하는 것이 그 배후에 있다
는 것을 명백히 암시한다.

스핀의 수수께끼

　나트륨 등의 황색을 발판으로 하여 소립자의 고유한 각운동량, 즉 스
핀이 고안되었다. 그로부터 40년, 현대의 우리는 소립자의 질량과 스핀
사이에 중대한 관계가 있다는 것을 발견했다. 이 문제에 관한 한, 물리학
자들은 먼 길을 돌아왔다. 울른백과 하우트스미트가 처음으로 전자의 스
핀을 생각했을 때 그들은 매우 현대적인 견해를 갖고 있었다. 그들은 크
기가 있는 전자가 자전하기 때문에 스핀이 생긴다고 생각했다. 회전 운동

222

을 하면 당연히 그 물체는 자전 에너지를 갖고 있다. 즉 질량은 회전 운동과 관계되어 있을 것이다. 소립자의 질량과 스핀과의 관계에 대한 실마리는 여기에 있었다. 그러나 디랙이 상대론적 전자론에서 '점' 모양의 입자에 스핀을 부여하는 방식을 확립시키고 나서부터 소립자를 점 모양으로 보는 입장이 물리학을 지배하여 먼 길을 돌아가게 했다. 각종 소립자는 스핀과 질량을 서로 관계없이 임의로 가질 수 있는 대상으로 다루어지게 되었다.

그러나 물리학의 주류에서 벗어난 몇몇 사람들은 스핀의 구체적인 이미지를 찾으려고 했다. 헨류와 파파페트로프 및 보프 등은 1940년대에 전자의 내부 운동을 들어 스핀과 질량과의 관계를 열심히 추구했다. 양전자, 중성자, 중간자 등 최초의 소립자 군의 발견이 계속되던 시대였으나 그 근소한 소립자를 상대로 하여 이미 소립자의 관계를 구하는 오늘날의 과제를 감지하던 것 같다.

비국소장이 도입되었을 때 이 이론은 소립자의 크기→스핀→질량이라는 궤도를 달려가기 시작했다. 비국소장을 결정하는 시간 공간적인 변수는 두 세트가 있다. 그 하나는 국소장과 같은 역할을 하는 것이지만 또 하나는 국소장에는 없었던 변수다. 이 새로운 변수는 소립자의 자전과 신축(伸縮) 운동을 결정짓고 있다. 자전의 크기는 소립자의 스핀을 부여한다. 비국소장은 서로 다른 자전을 동일한 근거에서 본다는 의미에서 스핀 값이 다른 여러 가지 소립자를 한 묶음으로 다루는 편리한 점을 가지고 있다.

유카와는 질량과 내부 구조와의 관계를 생각하여 소립자의 통일 이론

을 만들려고 했다. 스핀을 새삼스럽게 들추지 않더라도 소립자의 크기→
질량의 지름길로 나가는 것에서부터 시작한다면 자연히 스핀 문제가 포
함되리라고 생각했기 때문이다. 그가 생각한 대로 소립자의 질량은 자전
과 신축에 관계되고 스핀이 다를 뿐만 아니라 같은 스핀을 갖는 일련의
모자 관계를 갖는 소립자까지도 한 묶음으로 다룰 수 있었던 것이다.

하나의 이론이 정당하게 평가되기까지에는 여러 가지로 다른 각도로
부터의 검토와 서로 다른 가능성이 시험 된다. 비국소장의 통일 이론이
제창됨과 동시에 하라 팀은 질량과 스핀을 직접 결부시키는 가능성, 즉
소립자의 크기→스핀→질량이라는 경로를 조사했다. 그들은 내부의 시
간-공간적인 자전을 둘로 분해하여 공간적인 자전으로부터 스핀을, 시
간적인 자전으로부터는 질량을 유도하려는 2단계 태세를 취했던 것이
다. 공간적인 자전과 시간적인 자전과의 사이에는 일정한 관계가 있으므
로 질량과 스핀은 결과적으로 관계가 있다. 그것은 질량과 스핀을 형식적
으론 분리하고 실제에는 관계시켜 생각하는 것으로 물리학자들이 장기로
삼는 고등 전술이다.

"확실히 재미있군. 그런데 시간적인 자전이란 무엇을 의미할까?"

"아냐. 너무 어려워. 그런 복잡한 것이 필요할까?"

하라 팀의 이론은 그런 비판을 받고 있었다. 그러나 그들은 소립자의 자
전에 관해서 다시 사람들이 생각을 바꾸는 계기를 만들어 주었던 것이다.

그들이 스핀과 질량과의 관계를 생각하던 무렵, 소립자는 오늘날처럼
많이 발견되어 있지 않았다. 소립자의 배후에 숨어 있는 깊은 관계가 경

힘을 통해 명확하게 규명되지 않았던 시대에는 그와 같은 시도는 많은 사람에게는 아무래도 좋다는 것처럼 보였던 것이다.

새로운 열쇠

"비국소장은 레제의 이론을 해명하는 열쇠가 아닐까."

1967년이 되자 다나카는 이런 점을 눈치챘다.

"여러 가지 소립자와 소립자의 공명 상태의 질량과 스핀 사이에는 훌륭한 관계가 있다. 이 사실은 소립자의 공명 상태가 발견됨에 따라 더욱 확실해졌다. 그런데 레제의 이론이 소립자에 적용될 수 있다는 것은 가정에 지나지 않는다. 소립자끼리 서로 충돌할 경우 그 사이에 어떤 힘이 작용하는지를 모르기 때문이다. 만약 장의 이론을 신용한다면 충돌 입자는 서로 다른 입자를 주고받으면서 서로 힘을 미치는 것이라 생각된다. 이것을 국소 장에서 생각하면 서로 주고받는 것은 특정한 질량과 스핀을 갖는 입자뿐이며, 결코 레제의 이론처럼 질량과 스핀 사이에 관계가 있는 소립자의 집단으로는 되지 않는다. 충돌 순간에는 더 복잡한 일이 일어나고 있어서 입자의 교환이라는 통상적인 간단한 해석을 할 수 없을 것이라고 많은 사람이 생각했다. 그러나 그것으로는 해답이 되지 않는다."

그는 비국소장이 다른 스핀을 갖는 소립자를 한 묶음으로 한다는 특징에 주목했다.

"만약 충돌하는 입자가 서로 비국소장을 교환한다면 그것은 스핀에 관계하여 변하는 질량을 갖는 입자의 집단으로서 나타날 것이다. 이런 상태는 레제의 이론과 완전히 결부된다."

그는 이리하여 비국소장을 소립자의 현상 속에 도입했다. 비국소장의 연구자가 소립자 모형의 검토에 쫓겨 고에너지 물리학의 풍요로운 수확을 거두어들이기까지는 되어 있지 않다. 한편에서는 그런 문제는 종전대로 점 모양의 소립자라고만 생각할 수밖에 없다고 여겨지고 있었다. 그의 시도는 이 둘 사이의 간격을 메우는 역할을 수행했다.

소립자가 비국소장을 교환하면서 서로 교섭한다는 것은 소립자가 시간적-공간적으로 확산된 입자를 방출하거나 흡수한다는 것을 의미한다. 그 입자도 소립자의 일종인 것이 틀림없다고 한다면 그것을 방출하거나 흡수하는 소립자도 마찬가지로 시간적-공간적으로 확산된 것이라고 생각하는 것이 당연하다.

이렇게 본다면 소립자라는 생각도 최초에 생각했던 것과 꽤 달라지고 있다는 것을 알아차리게 될 것이다. 전자, 광자, 양성자, 세 종류의 소립자로부터 출발했던 무렵에 소립자는 전기량, 질량, 스핀 등이 각각 일정한 값을 갖는 입자, 또는 어떤 현상을 대표하는 입자라고 생각되고 있었다. 그 후 소립자의 발견이 진전됨에 따라 같은 현상을 대표하는 것은 단독인 소립자에 한정되지 않고 여러 가지 소립자의 집단이라는 것을 알았다. 그러므로 소립자의 집단이야말로 출발점의 소립자에 가까운 역할을 한다고 보지 않으면 안 된다. 레제의 이론은 소립자의 집단이 스핀과 질량과의

226

일정한 관계로써 구속되는 하나의 대상물이라는 것을 암시한다. 이 소립자의 집단이야말로 곧 현대의 소립자라고 부르는 것에 해당된다. 이 새로운 소립자를 다루는 양으로 비국소장은 중요한 가능성을 준다.

그러나 이 문제는 앞으로 검토해 나갈 과제다. 전 세계의 거대 가속기가 밤낮으로 막대한 수의 현상에 대한 지식을 낳고 그것과 더불어 여러 가지 사고 방법이 제출되고 있다. 아직은 조급하게 결론을 내놓을 수 없기 때문이다.

소립자의 충돌 때 레제 이론과 같이 입자를 주고받는다는 견해도 인정할 수 있지만 충돌하는 소립자가 모여서 공명 상태를 만든다는 견해도 가능하다. 이 두 개의 서로 다른 견해는 사실 하나의 것에 대한 다른 표현 방법에 기인한다는 것이 최근에 와서 명백해졌다. 한편에서는 제1과 제2의 입자가 있고 제3의 입자가 교환된다고 볼 수 있고, 다른 한편에서는 제1, 제2의 입자도 없어지고 제3의 입자만 존재한다고 볼 수 있으므로 전혀 다른 성질을 기대해도 좋을 것이다. 즉 이중성격을 가졌다고 말할 수 있다.

소립자에 대해 20세기 초에는 파동과 입자의 2중성이 나타났었다. 이것은 양자역학을 낳게 하는 동기가 되었다. 그리고 현대에서는 다시 소립자의 행동에 다른 의미의 이중성격이 나타나고 있다. 이것을 해명하는 열쇠가 무엇인가? 세계의 물리학자는 이에 계속 도전한다.

소영역 이론을 제창한 생전의
유카와 히데키

제9장

소영역(素領域)

소립자의 문제는 결국 소립자가 존재하는 시간과

공간의 세계 문제로 귀결된다. 소립자에서 생각되는

시간, 공간이란 어떤 것인가? 그것을 더듬어 가면

시간, 공간의 원자성이라는 생각에 도달한다.

호텔과 손님

"'부천지자(夫天地者), 만물지역려(萬物之逆旅), 광음자(光陰者), 백대지과객(百代之過客)'이라는 이백(李白)의 글이 있죠. 여기서 역려(逆旅)는 여관, 즉 호텔이라는 뜻입니다."

이런 얘기가 시작되었다. 고등학교의 한문 시간도 입시 학원의 강의도 아니다. 이론물리학자가 소립자와 씨름하는 연구 집회에서의 토론인 것이다.

"나는 이 글귀가 소립자를 연구하는 데 매우 중요한 힌트를 던져 주고 있다고 생각합니다. 오가는 나그네가 여관에 투숙한다. 그리고 세월이 흐른다. 여관이 있으니까 나그네가 머문다고도 하겠지만, 나그네가 있기 때문에 여관이 생기는 것이라고도 생각할 수 있습니다. 천지와 만물은 어느

천지는 소립자의 호텔

것이 먼저라고는 말할 수 없지요.

천지라는 것은 시간과 공간을 말하며 보통은 여러 가지 현상이 일어나는 장소, 그것들을 기술(記述)하는 도구로 생각되고 있습니다. 만물은 궁극적으로는 소립자라고 말하겠지요. 그래서 이백에 의하면 시간, 공간은 소립자가 투숙하는 셈입니다. 그렇다면 시간, 공간이 있어서 소립자가 거기에 투숙한다고도 말할 수 있고, 소립자가 있기 때문에 시간, 공간이 생긴다고도 생각할 수 있게 됩니다."

이렇게 유카와는 말을 이었다. 참석자는 모두 엄숙한 표정으로 경청하지만 받아들이는 태도는 여러모로 달랐다. 위대한 선생님의 말씀이라고 고분고분 듣고만 있다가는 소립자의 문제 따위는 영원히 자기 손으로는 해결할 수 없다고 생각하는 사람들뿐이었다.

"또 여느 때처럼 시작했군."

"말뜻은 이해 가지만 아무래도 물리학으로는 될 수 없겠는데."

이런 식으로 젊은 층의 평판은 좋지 않았다. 그것도 무리가 아니다. 유카와가 역려(逆旅)의 사상을 끄집어냈을 무렵 그의 머릿속에서도 어떤 명확한 착상이 떠올라 있던 것은 아니다. 어떤 사상이건 그것이 구체적인 형태를 취할 때까지는 물리학이라고 말할 수 없기 때문이다. 그러나 그는 언젠가는 그것이 실현성이 있는 것이 될 것이라고 자신하고 있었다.

그가 이렇게 믿는 배경에는 아인슈타인이 1915년에 제출한 일반상대성이론에 있었다. 1905년 아인슈타인은 특수상대성이론을 발표하고 시간, 공간이 관측자의 운동 상태와 무관하게 생각할 수 없다고 강조했다.

이것은 지금까지 시간-공간이 관측자의 행동과 독립적이라고 생각하던 사람들에게 중대한 반성을 던져 주었다. 그러나 일반상대성이론은 이것보다도 엄청나게 중요한 내용을 포함한다. 시간, 공간의 구조도 그 속에 있는 물질에 의해서 결정된다고 생각했기 때문이다.

"물체가 중력을 받아서 가속도 운동을 한다. 돌멩이에 작용하는 중력은 지구에 의한 만유인력의 결과다. 지구가 낳는 중력의 영향은 상대 물체가 돌멩이이든 사람이든 상관없이 어떤 물체에도 마찬가지로 작용한다. 그러므로 이것은 지구 둘레에서 생각하는 시간, 공간의 성질이라고도 말할 수 있다. 즉 지구에 접근하는 다른 물체에는 모두 중력으로써 작용하도록 지구 둘레의 시간-공간이 그런 성질을 갖고 있는 것이 된다. 중력이라는 힘을 생각하는 대신에 그것에 해당하는 성질이 주어진 시간, 공간 속에서는 중력 이외의 힘을 받지 않는 물체는 힘이 작용하지 않는 경우의 운동과 같아진다. 그러므로 물체는 뉴턴(Isaac Newton, 1642~1727)의 법칙에 따라 등속 운동(等速運動)을 한다. 그렇다면 던진 돌멩이가 포물선을 따라 운동하는 이유는 무엇 때문인가? 이 경우 중력은 생각하지 않아도 좋은 대신에 시간, 공간의 성질이 바뀐 점을 주목해야 한다. 시간과 공간에 관한 기하학이 유클리드(Euclid, 기원전 3세기경) 기하학과 민코프스키(Hermann Minkowski, 1864~1909) 기하학과는 다르다는 것을 받아들일 필요가 있다.

유클리드 기하학에서는 두 점 사이의 최단 코스가 직선이지만 현재의 경우에도 등속 운동을 하는 물체는 두 점 사이의 최단 코스를 달린다. 그

휜 공간에서는 – 물체가 존재함으로써 시공간의 구조가 결정되지만, 과연 소립자와 시공간 사이에는 그와 같은 관계가 있는 것인가?

것도 이번에는 직선이 아니고 포물선이 된다. 이것이 돌멩이의 운동이다. 따라서 이런 생각을 지구뿐만 아니라 우주 전체로 확대한다면 우주 전체의 시간, 공간의 구조는 우주에 있는 물체 전부의 분포로서 결정된다. 어떤 물체든지 우주 속에 있으므로 그렇게 해서 결정된 시간, 공간의 구조를 갖는 우주 속을 각각의 물체가 운동하는 것이 된다. 물체가 있으므로 우주의 구조가 결정된다고 말할 수도 있고, 우주의 구조가 있으므로 물체를 알게 된다고도 말할 수 있다. 그러므로 시간-공간과 물체에서도 병아리와 달걀 중에 어느 것이 먼저냐 라는 이야기와 같이 어느 것이 먼저라고 말할 수 없다. 일반상대성이론은 천지와 만물이 따로 분리될 수 없는 상태에 있음을 말한다.

그러나 아인슈타인이 생각한 이론은 매우 스케일이 큰 무거운 물체에 유효한 것으로 가령 태양 둘레에서는 빛의 진로가 보통의(유클리드적) 직선으로부터 휘어져 있다는 것을 알 수 있다. 이것은 태양이 매우 무겁기 때문이다. 그러나 소립자는 질량이 가볍기 때문에 중력에 의한 영향은 거의 나타나지 않는다. 즉 중력은 아무런 소용도 없게 된다. 그렇지만 모든 물체가 결국은 소립자로까지 당도하는 것이라면 소립자와 시간, 공간과의 관계에서도 중력의 이론과는 설사 내용이 다르더라도 어딘가 비슷한 생각을 할 수 있지 않을까?"

유카와가 이백으로부터 힌트를 얻은 데는 이런 이유가 있었다.

"그렇지만 그런 생각을 어떻게 물리학으로 표현하면 좋을까?"

유카와도 그 말을 듣고 있던 사람들도 아직은 실마리를 잡지 못했다.

우주 공간의 시간, 공간의 구조는 과연 아인슈타인의 이론처럼 되어 있다. 그러나 그것은 막대한 수의 소립자가 모여서 비로소 성립되는 것이다.

개개의 소립자를 생각하든가 근소한 소립자가 행동하는 현상을 다룰 경우에는 시간, 공간의 구조는 소립자로부터 어떤 영향도 받지 않고 유클리드 기하학이나 민코프스키 기하학으로 나타날 것이다. 많은 사람은 이렇게 생각한다. 그러나 이 생각에 대해서 도전하지 않으면 안 된다.

소립자 강체설

이야기는 1954년 여름으로 거슬러 올라간다.

"당신의 모형에서 소립자의 스핀이 나타난다는 것은 알 수 있습니다. 그러나 그 이외에 아이소스핀이나 중입자(重粒子)의 수 등이 도출된다는 것은 도무지 납득할 수가 없습니다."

"그렇다면 다시 한번 설명하지요. 소립자는 이상적으로 단단한 강체(剛休)라고 봅니다.

그렇다면 그 자전에는 두 가지가 있죠. 강체 바깥에 서 있는 사람이 본 자전은 스핀으로 판단됩니다. 그것은 옳지요. 이번에는 강체에 타고 있는 사람을 생각합니다. 이것을 밖에서 보면 강체에 타고 있는 사람은 강체와 마찬가지로 자전하기 때문에 그 자신은 아마 강체의 자전을 관측할 수 없다고 생각할 것입니다."

"바로 그렇습니다. 그러니까 의문점이 생기는 것입니다."

"그런데 그렇지 않아요. 입장을 바꿔 놓으면 바깥에 서 있는 사람이 강체의 자전과 함께 돌고 있는 듯한 운동도 일어날 수 있습니다. 그때는 바깥에 있는 사람에게는 강체가 자전하지 않는 것처럼 관측되지만 강체에 타고 있는 사람이라면 운동을 알 수가 있을 것입니다. 아시겠습니까?"

무언가 석연치 않은 표정을 지으며 질문자는 계속 재촉한다.

"그래서요?"

"따라서 두 자전 중 바깥에서 봐서 알 수 있는 것은 스핀, 다른 자전은 바깥에서는 측정할 수 없으므로 가공 세계의 자전으로 볼 수 있습니다. 이것을 아이소스핀이라고 생각하는 셈입니다. 이런 관점을 3차원의 강체로부터 상대론적인 4차원의 강체로 확대시켜 중입자의 수 등을 유도하려는 것입니다."

세토나이카이가 창 너머로 펼쳐져 있는 H대학의 이론물리학 연구소의 방에서 각지에서 모인 학자들이 벌인 격렬한 토론을 되풀이했다. 논의의 대상은 나카노가 제창한 소립자의 강체 모형(剛体模型)이었다. 소립자가 완전한 강체라지만 그렇게 쉽게는 받아들일 수 없다. 소립자의 자전 운동을 스핀이라고 생각하는 이론을 만든 하라 팀의 사람들조차도 처음에는 납득하지 않았다.

"새로운 입자의 분류에서 알 수 있듯이 소립자는 질량 전기량, 스핀 등의 양 이외에도 다른 여러 가지 양, 이를테면 아이소스핀, 중입자의 수, 기묘도 등을 가지고 있다. 만약 소립자가 점과 같은 것이라면 그것이 왜 이토록 여러 가지 성질을 가지고 있는지 이상할 정도다."

나카노는 아울러 이들의 성질을 갖는 소립자의 모습을 추구해 보려 했다.

"소립자는 아마 크기를 가진 입자일 것이다. 그렇게 생각함으로써 비국소장 이론은 자전 운동으로부터 스핀을 유도했다. 그러나 그 밖의 양을 유도하는 데는 다른 것을 생각하지 않으면 안 될 듯 보인다. 스핀은 관측자에게 소립자가 자전하는 결과로 나타난다. 그런데 아이소스핀은 가공 세계에서의 자전이며 현실 세계의 관측자에게는 그 운동이 보이지 않는

소립자에 크기가 있다면 - 강체설로부터는 두 좌표에서 본 자전 방식에 따라 스핀과 아이소스핀
이 유도된다

다. 이와 같은 두 개의 다른 세계의 이야기를 한 개의 소립자의 모습에서
이끌어 낸다는 것은 큰일이다. 그러나 그 방법은 있다."

　이렇게 강체의 운동에 착안했다.

　"강체의 운동은 무게 중심이 움직이는 운동과 무게 중심 둘레를 자전
하는 운동으로부터 되어 있다는 것은 역학 교과서에 쓰여 있다. 강체의
자전 운동은 두 개의 다른 좌표계에서 볼 수 있다. 하나는 강체와는 따로
고정된 좌표 '라그랑주 계(Lagrange 系)'이고 다른 하나는 강체에 고정된
좌표 '오일러 계(Euler 系)'이다. '라그랑주 계'란 팽이가 돌고 있는 것을 보

고 있는 것과 같은 측정 방법으로 거기서 보이는 자전은 현실로 돌아가고 있는 것이다.

'오일러 계'라는 것은 가령 관측자가 강체를 타고 보는 측정 방법이며 바깥에서 확인할 수 없으므로 현실성이 희박하지만 거기서 볼 수 있는 자전도 확실히 있다. 그것은 단순히 가공적으로 생각되는 운동이라고 말할 수 있다. '라그랑주 계'를 현실 세계에, '오일러 계'를 가공 세계에 결부시킬 수 있지 않을까?"

나카노는 소립자가 크기를 갖는다는 생각에서 한 걸음 더 밀고 나가서 '소립자는 강체다'라고 가정했다.

소립자를 강체로 보는 것과 비국소장에 의해서라고 생각하는 것에서는 같은 자전 운동이라고 해도 차이가 있다. 비국소장에서는 자전에 의한 각운동량의 값은 0, 1, 2, …라는 정수밖에는 취할 수 없다. 그러므로 이것을 스핀으로 생각할 경우, 전자나 양성자가 갖고 있는 것과 같은 1/2이란 홀수의 반값[반정수(半整數)]은 설명할 수가 없다. 소립자를 한 묶음으로 본다더라도 스핀이 정수가 되는 입자(중간자)의 조(組)와 스핀이 반정수가 되는 입자(중입자)의 조는 따로따로 생각하지 않으면 안 된다. 스핀이 반정수인 것은, 우선 출발점의 1/2을 가정하지 않으면 안 되기 때문이다. 처음부터 적어도 두 개의 다른 비국소장을 생각한다는 것은 다소 불만이다. 그런데 강체의 경우, 자전에 의한 각운동량은 0, 1/2, 1, 3/2…으로 정숫값과 반정숫값을 어느 것도 취할 수가 있다. 그러므로 소립자의 스핀을 외부로부터의 도움 없이 그대로 설명할 수 있다. 이 점에서는 강체 쪽이 비국소장보다 뛰어나다.

그런데 나카노의 강체 모형에도 결점이 있다. 그것은 스핀과 아이소스 핀을 두 좌표계에 관계시켰기 때문에 스핀이 정수일 때는 아이소스핀도 정수이고, 스핀이 반정수일 때는 아이소스핀도 반정수가 된다. 핵자(核子) 는 스핀 1/2, 아이소스핀 1/2이며 파이(π)중간자는 스핀 0, 아이소스핀 1 로 되어 있으므로 이 모형에 걸맞지만 새로운 입자 시그마(Σ), 람다(Λ)는 스핀이 아이소스핀 0과 1, 케이(K)중간자는 스핀이 0, 아이소스핀이 1/2 로 되어 그 모형으로 부적당하다. 이런 결점이 있어 강체 모형은 그대로 방치되고 말았다.

그러나 몇 해가 지나자 다시 사람들은 이 모형을 들추기 시작했다. 소 립자의 강체 모형은 단번에 버릴 수 없는 매력을 갖고 있다. 그 매력은 강 체 모형을 어떻게 하든지 완전한 소립자의 형태로 바꾸어 보려는 사람들 의 관심을 끌었다. 탄성체(弾性体) 모형, 회전 입자 모형, 자이로(Gyro) 모 형, 에테르(Ether) 모형 등의 여러 가지 안이 생기기 시작했던 것이다.

점으로는 문제가 안 된다

1964년 봄, 일본 교토에서 열린 학회의 회장은 폭소로 들끓고 있었다.

"소립자는 질량, 전기량, 스핀, 아이소스핀, 기묘도, 중입자의 수 등 여 러 가지 성질을 갖고 있습니다. 왜냐? 이것은 신이 준 것이기 때문이니 믿 으시오. 그렇게 생각하는 사람은 마음대로 생각해도 좋습니다. 나는 신을

240

싫어합니다."

"신이 싫다고 한다면 소립자가 왜 그런 성질을 가졌는가를 생각하지 않으면 안 돼요. 그런데도 소립자는 점이라고 해요. 이래서는 '덴데' 문제가 안 돼요(덴데는 '전혀'라는 일본말. 일본말로 '점'은 '덴'으로 발음이 같다)."

유카와는 이런 농담을 하면서 그의 새로운 시도를 설명하고 있다. 그것은 비국소장 이론에 관한 것이었다. 이미 막대한 종류의 소립자의 발견이 보고되어 있다. 그리고 그것들은 여러 가지 양으로 분류되고 있다. 20세기 초 원자 스펙트럼에 직면한 물리학자는 그것을 분류하기 위한 양을 생각했었다. 그것은 양자수(量子數)라고 불렸는데 결국 원자 내의 전자가 공간적으로 어떤 운동을 하는가에 따라 얻어지는 양으로서 양자역학이 만들어지며 명확해졌다.

그러나 소립자를 분류하는 양은 무엇에 기인하는 것인지는 아직 아무도 모른다. 사카타 모형이 도화선이 된 이와 같은 양을 다루는 대수학, 즉 대칭성의 이론이 크게 유행하지만 그것도 이 물음에 대답할 수 있는 것이 못되었다. 소립자에 이와 같은 대칭성이 있다고 해도 왜 그런지를 대답할 수가 없기 때문이다.

"모든 소립자의 성질은 결국 소립자가 갖고 있는 시간-공간적인 구조에 의해서 설명될 것이다. 그리고 그와 같은 구조는 최종적으로는 시간-공간 그 자체의 구조에 결부되어 있을 것이 틀림없다."

이렇게 생각하는 유카와에게 현황은 무척이나 만족스럽지 못한 것이었다.

소립자의 질량과 스핀과 패리티(Parity)를 따로 한다면 그 밖의 성질은 보기에는 시간, 공간과는 관계없는 것처럼 생각된다. 그러나 그것은 겉보기로서의 이야기다. 나카노는 이미 소립자의 강체 모형을 사용하여 스핀과 마찬가지로 회전 운동으로부터 아이소스핀을 생각할 수 있다는 것을 제시했다. 그 해석은 충분하지는 못했지만 그의 발견은 중대한 것이었다. 유카와는 이 문제를 다시 한번 비국소장에서 생각하려고 했다. 비국소장은 소립자의 중심을 정하는 좌표 외에 소립자의 내부 상태를 나타내는 상대 좌표를 갖고 있다. 상대 좌표도 좌표계가 바뀌면 값이 변화하는 양이다. 그러나 상대 좌표의 길이는 바뀌지 않는다. 그는 이 사실을 사용하려 했다.

"아이소스핀이 시간-공간과 관계없는 것처럼 보이는 것은 좌표계가 바뀌더라도 그 값이 변화하지 않기 때문이다. 그렇다면 아이소스핀을 나타내는 양이 설사 기본적으로는 시간-공간의 양으로 만들어져 있다고 해도 좌표계에 의해서 변화를 받지 않고 또 아이소 공간에서 회전이라는 성질만 갖고 있으면 되는 셈이다. 상대 좌표와 그 상대 운동량으로부터 이 성질을 갖는 것을 만들어 나가면 결국 아이소스핀이 시간-공간으로부터 유도된다."

그는 그러한 노력을 시작했다. 소립자와 시간, 공간을 결부시키는 하나의 길이었다.

"아이소스핀도 비국소장에 의해서 소립자의 시간, 공간의 구조로부터 설명할 수 있다."

이것이 유카와가 도달한 결론이었다. 비국소장의 이론에서 유도한 아이소스핀은 강체 모형과 같이 스핀과의 관계는 강하지 않다. 그러나 이렇게 만들어진 아이소스핀이 정말로 소립자의 현상에서 유효하게 작용하는 것인지 어떤지… 유카와는 가다야마, 야마다와 공동 전선을 폈다.

"소립자의 각각에 대해서 아이소스핀을 정의할 수는 있어도 소립자가 모여서 반응할 경우에 전체 아이소스핀이 서로 변화를 보완한다는 사실이 이해되지 않으면 이것은 그림의 떡이다. 국소장인 경우는 당연히 가정되고 있는 일이지만 그것은 설명되지 않으면 안 된다."

"그렇습니다. 그러한 것을 조사해 보면 소립자의 아이소스핀이 서로 관계하여 멋대로 움직이지 않기 위해서는 이론적으로 그것들을 정리하는 기준이 필요하게 된다는 것을 알 수 있습니다. 마치 신호가 있기 때문에 교통정리가 될 수 있는 것과 같다고 말할 수 있습니다."

"아마도 그 기준은 시간, 공간 속에서 생각할 수 있겠지. 즉 시간, 공간의 구조 속에는 전체를 지배하는 것의 기준이 되는 방향이 필요해져 소립자의 시간-공간적 구조 문제는 시간-공간 자신의 구조로 거슬러 올라가는 것이 된다."

그 열쇠는 무엇인가?

만물의 문제

여기서 다시 먼저의 소립자와 시간, 공간의 관계로 이야기를 되돌리자. 1960년 다지는 하나의 돌파구를 만들었다.

"곰곰이 생각해 보면 소립자와 별도로 시간이나 공간이 있을 리가 없다. 이것은 공간의 위치나, 시간 간격의 척도를 결정하는 문제에서부터 상상이 가능하다. 길이, 즉 자의 단위를 결정하는 것은 크립톤(Kr) 원자가 방출하는 빛의 파장, 시간의 단위는 세슘(Cs) 원자가 흡수하는 주파수에 의한다. 그 경우 원자 속의 전자가 운동 상태를 바꾼다는 현상이 있어 우리의 시간이나 공간의 척도가 결정되게 된다. 그것으로 본다면 길이라든가 크기의 최종적인 결정적 수단은 소립자이며 시간의 간격을 결정하는 근본은 소립자의 변화나 수명이 될 것이다."

이렇게 생각한 다지는 '시간, 공간이 없는 이론'이라는 것을 만들었다. 시간-공간의 생각을 전혀 사용하지 않는다는 것은 아주 기묘한 일이지만 그렇게 주장하는 것이다.

"시간이나 공간이 먼저 있는 것이 아니라 소립자가 여러 가지 행동을 하는 결과로서 공간의 크기라든가 시간의 경과라는 개념이 생기게 된다."

즉 그가 노린 점은 이와 같은 원점으로 되돌아가서 출발한다면 여태까지와는 다른 시간, 공간과 소립자와의 관계가 구해질지도 모른다는 것에 있었다.

그리하여… 1966년.

소립자가 공간을 만든다

유카와는 다시 이백(李白)의 역려(逆旅)의 사상(思想)으로 되돌아가고 있었다. 그의 손에는 그 생각을 구체화하는 몇 개의 열쇠가 쥐어져 있었다.

"나는 소립자는 점 모양이 아니라 시간, 공간적인 크기를 가지고 있다고 생각합니다. 이것을 구체적으로 다루기 위해 비국소장을 생각한 것이지만 이것은 스핀이 다른 소립자를 일괄해서 생각한다는 장점을 가지고 있어요. 그뿐만 아니라 소립자의 다른 성질, 가령 아이소스핀도 설명할 수 있습니다. 그러나 그러기 위해서는 4차원 세계에 특정의 방향을 생각하지 않으면 안 될 것 같습니다."

유카와는 야마다, 가다야마 등의 협력자에게 말했다.

"그럴지도 모릅니다. 그러나 다른 방법도 있습니다. 즉 특정 방향이 나오지 않게 하고서도 소립자를 구별하는 여러 가지 양을 유도하는 데는 다카바야시 씨와 우리가 시도한 것처럼 될 것입니다. 여태까지의 비국소장은 시간, 공간의 2조의 좌표를 포함하고 있었는데, 수정된 비국소장은 4조의 좌표를 갖고 있습니다. 확실히 기묘도나 중입자의 수까지 설명하려면 이 수정이 필요할 것입니다. 3차원의 세계에서는 3조의 좌표로 강체의 위치가 결정되듯이 4차원 세계에서의 물체는 4조의 좌표로서 결정되므로 이것은 기하학적인 소립자의 모형으로서 적당한 것이라고 생각됩니다."

"그러나 이것도 아직 만족스럽지 못해요. 이 모형에서도 반정수(半整數)의 스핀값이 유도되지 않습니다. 이것으로써는 소립자가 갖는 성질 모두가 시간, 공간적인 크기로부터 설명되었다고는 말할 수 없습니다."

"반정수의 스핀값을 설명하는 데 강체 모형은 하나의 보기가 될 것입니다. 하라 씨와 고토오 씨는 이 모형을 검토하여 나카노 씨가 아이소스핀이라고 해석한 데서부터 중입자의 수를 유도하고 있습니다. 그리고 강체를 탄성체로 수정하여 아이소스핀과 기묘도까지도 유도하려고 시도하는 듯합니다."

"비국소장의 확장과 소립자의 탄성체 모형과는 어느 것에도 장점과 단점이 있어요. 스핀을 유도한다는 점에서는 탄성체 모형이 우월하며, 그 밖의 양을 유도하는 점에서는 비국소장이 유리한 것처럼 생각돼요. 그러나 쌍방에 공통적으로 불가해한 점은 쌍방 모두가 소립자란 본래 어떤 탄성체나 비국소장이 여기(勵起)된 것…이라고 해석하는 점이에요. 그렇다면 본래의 여기(勵起)되지 않은 탄성체나 비국소장이란 무엇일까요? 소립자는 생성, 소멸합니다. 그때 여기(勵起)하지 않은 탄성체나 비국소장은 생성도 소멸도 하지 않는다면 그것들은 소립자가 거기에 있고 없고 관계없이 계속해서 존재하지 않으면 안 되게 될 것입니다. 즉 에테르와 같은 것이라고 생각되지 않습니까?"

"비국소장이 반정수의 스핀값을 유도하지 못하는 이유는 그것이 질점(質點)의 집합과 비슷하기 때문입니다. 역학 교과서에는 질점을 무한정 모으면 강체나 탄성체가 된다고 쓰여 있지만 '무한히'라는 것이 문제이고, 질점의 집합과 강체와 같은 연속체와는 다르지 않을까 생각합니다. 스핀을 유도하는 데는 연속체의 사고가 어쨌든 필요하지 않습니까?

탄성체가 스핀 이외의 성질을 내기에 까다로운 것은 탄성이라는 성질이 복잡하고 더군다나 매우 작은 대상에서는 탄성의 어느 성질이 남아 있고, 어느 성질이 없어지는지가 확실하지 않기 때문입니다. 그 점에서는 우리의 비국소장의 모형과 같이 물질적인 대상이 아니라 기하학적인 대상을 생각한다면 간단한 이야기가 되리라고 생각합니다."

이런 말을 나누면서 유카와의 머릿속에서는 '에테르'라든가 '연속체'라든가, '시간, 공간의 기하학'이라는 세 개의 말이 엉켜서 맴돌고 있었다. 그것들은 어느 것이나 하나의 대상을 가리키고 있는 듯이 보였다. 세 가지 성질을 갖춘 것… 그것은 시간과 공간 그 자체 말고는 없다. 만물(萬物)의 문제는 이제 천지(天地)의 문제로 되돌아가고 있었다.

분할할 수 없는 천지

소립자란 도대체 무엇일까? 그 옛날 그리스의 자연철학은 여러 가지를 추측했다. 그리고 원자라는 생각에 도달했다. 그들이 생각한 원자는 현대 과학에서 말하는 원자가 아니고 차라리 소립자에 가깝다. 데모크리토스(Demokritos, B.C. 460~370 추정)는 원자를 생각함에 있어서 공허(空虛)를 가정했다. 그는 '있다'와 '없다'를 구별하고 싶었던 것이다. 원자는 '있다'의 부분을 차지하고 공허는 '없다'의 부분에 해당한다. 원자는 이것만으로 충분했으므로 그 이상 나눌 필요도 없이 불가분할(不可分割)이라는 성질이 보태졌다.

현대의 소립자는 어떤가? 많은 물리학자들은 소립자를 점 모양(点状)인 것으로 생각하므로 분할할 수 없다는 말은 의미가 없어졌다. 그럼에도 불구하고 그 소립자에 다양한 성질을 덧붙이려 했다. 그들의 대부분은 점 모양의 것이 그렇게 많은 성질을 갖는다는 것은 기묘한 일이라고는 생각하지 않았다. 그것에도 이유가 있다. 소립자는 간단히 생성되거나 소멸되며 다른 소립자로 변화하기 때문이다. 점 모양의 입자라면 생성, 소멸의 성질을 갖게 하는 것은 간단하다.

소립자에 점 모양의 이미지를 부여하는 것만으로는 아무것도 안 된다

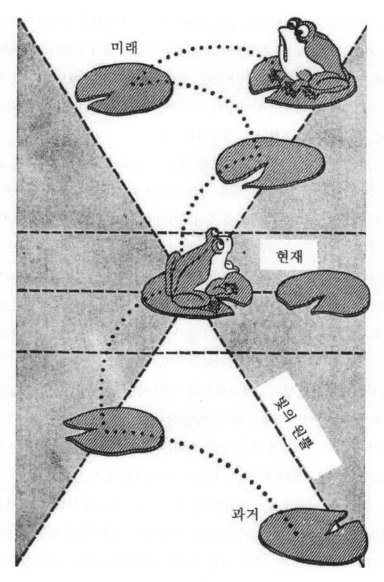

미래

현재

빛의 원뿔

과거

소영역에서 소영역으로

고 생각한 소수의 사람들은 주류(主流)에서 벗어나 소립자의 크기와 구조를 문제 삼아 왔다. 그렇게 되자 소립자의 생성, 소멸이나 변환의 문제에 싫더라도 직면하지 않을 수가 없다. 소립자의 구조라고 해도 그것이 또 점 모양의 구성 입자로 되어 있다고 생각한다면 이야기는 처음으로 되돌아간다. 그것은 더 분할할 수 있기 때문이다.

"소립자가 정말로 크기와 구조를 가질 경우, 특정의 크기와 구조를 갖는 것이, 전혀 그런 흔적이 없는 시간과 공간 속에서 갑자기 나타나거나 없어지거나 할 수 있을까? 가령 소립자가 어떤 크기를 갖고 있다고 하자. 거기서 소멸하고 또 새롭게 태어난다. 그 경우 전혀 크기가 다른 것으로 변신하지도 않는다고 누가 보증할 수 있을까? 원자에 불가분할성(不可分割性)을 생각한 그리스 사람은 원자가 없어지거나 생기거나 하는 사실은 생각하지 않아도 되었다. 소립자에서 불가분할성은 더욱 심각한 문제가 된다. 그러나 그 경우에도 데모크리토스의 '있다'와 '없다', '원자'와 '공허'라는 단순 명확한 논법이 유용하게 된다. 만약 시간, 공간이 분할할 수 없는 영역의 집합이라면 어떻게 될까? 생성하는 소립자도, 소멸되는 소립자도 그 영역이 하나 이상이 될 수 없다. 영역은 '있다'거나 '없다'거나 하는 것 이외에는 부분적으로 초과하여 채워지고 뻗어 나오는 일은 없다."

유카와는 이렇게 해서 분할할 수 없는 영역, 즉 소영역(素領域)의 사고에 도달했다. 여태까지 시간, 공간은 간격 없이 어디까지나 연결된 것이라고 믿어 왔다. 일부 사람은 시간, 공간을 결정격자(結晶格子)나 벌집과 같은 것이라고 생각했으나 그리 적절한 것은 아니었다. 전쟁 전에 미무라 그룹은 시간-공간을 파동장(波動場)이라고 생각하는 시도를 정력적으로 추진했지만 그것도 단순한 테두리를 벗어나지 못했다. 그러나 시간, 공간이 매우 세밀한 데까지 결정되어 있다는 것은 지나친 생각이라고 다지는 결론지었다. 소립자의 세계에서는 소립자에 걸맞은 시간, 공간의 구조를 생각하는 것이 당연하다.

"분할할 수 없는 소영역으로 이루어지는 시간과 공간이라는 것은 소립자의 크기보다 작은 영역에서의 시간-공간은 의미를 갖지 않는 것이라고 간주된다. 이것은 소립자 쪽에서 생각했을 때의 이야기다. 반대로 시간-공간 쪽에서 말한다면 다음과 같이 된다. 어떤 순간의 공간에는 소영역이 흩어져 존재한다. 소영역의 하나에 일정한 에너지가 가해지면 그것은 다른 소영역과 구별되고 소립자로 보인다. 다음번의 시차 후에는 다른 소영역의 하나에 에너지가 가해져 있다. 그러면 소립자는 처음의 소영역으로부터 거기까지 이동한 것이 된다. 그것은 마치 전광게시판의 명멸(明滅)과 흡사하다. 소영역은 천지(天地)의 역려(逆旅)다. 좀 더 상세히 말하면 호텔의 객실이다. 호텔에서는 손님이 누구인가는 큰 문제가 아니다. 방값만 지불한다면 누구든지 좋다. 소립자는 어떤 종류건 상관없이 소영역에 머물렀다가 이튿날 아침에는 떠나간다."

1968년 유카와, 가다야마, 우에무라는 이런 생각에 따라 4차원 세계에서의 소영역 이론을 만들었다. 가까스로 한 고비에 도달한 것이다. 그러나 세계의 학계는 아직 그것을 받아들이지 않았다. 이제부터가 문제다.

통일로 향하는 길

"요즘 또 소립자의 통일 이론이라는 말을 자주 듣는데…. 이를테면 하이젠베르크 교수의 우주 방정식도 그렇지만 유카와 박사의 소영역 이론이 신문을 떠들썩하게 하고 있어. 우리와 같은 아마추어의 눈에는 계속해서 몇 개씩 통일 이론이 생긴다는 것조차 이상한 일이지만…."

"과연 그렇군. 그렇다면 사정을 얘기할까."

그렇게 말하면서 Z 박사는 A 기자와 마주 앉았다.

"조금 전, 즉 1950년대는 새 입자의 시대였다. 새로운 소립자가 연달아 발견되어 과학자들은 어리둥절했다. 많은 사람이 지금까지와 같이 소립자 하나하나를 추적하려 한다. 어떤 소립자에 대해서도 조사하지 않으면 안 될 일이 산더미처럼 많았다. 그러나 근소하기는 하지만 다음 단계에 대한 준비를 하려는 사람들이 있다. 그들의 사고 방법과 진행 방법은 각각 달랐지만 공통된 점은 제각각으로 흩어져 보이는 몇 종류의 소립자를 한 묶음으로 다룰 수 있을 것이 틀림없다고 생각한 점이다.

유카와가 비국소장에 의한 소립자의 통일 이론을 제창한 이듬해, 하이젠베르크는 비선형장(非線型場)을 근원물질로 하는 통일 이론에서 출발하여 1958년에는 우주 방정식을 제창했다. 1956년에 사카타 모형이, 1960년에는 나고야 모형과 중성미자 모형이 태어났다. 처음에는 이것들에 대해 비판적이었던 사람들도 1960년대에 들어가서 막대한 수의 소립자의 공명 상태가 발견되자 이와 같은 시도에 그렇게 냉담할 수는 없게 되었다. 그리하여 겔만-네만의 팔정도설이라든가 츄의 구두끈 이론, 레제 이론을 좇기 시작했다. 이 시도는 사고방식으로는 그 이전의 이론의 아류(亞流)라고 말할 수 있지만 경험 사실에 밀착한 매력을 지니고 있었기 때문이다."

"그렇다면 현재의 통일 이론은 거기까지 나갔는가?"

"그렇게 생각하는 사람도 있다. 그러나 그것도 조만간 기본적인 입장으로 되돌아가지 않을까?"

"즉 기본적인 입장이라는 점에서는 유카와 박사나 하이젠베르크 교수나 사카타 박사의 생각이 더 넓다는 이야기인가?"

"유카와의 생각에 의하면 여러 가지 소립자는 비국소장이라는 한 종류의 양이 좇는 방정식의 여러 가지 다른 해답에 의해서 주어진다. 그들의 해답을 구별하는 것은 시간, 공간적인 구조의 차다. 따라서 소립자를 구별하는 여러 가지 양, 이를테면 질량, 전하와 아이소스핀 기묘도 등은 결국 시간-공간의 양으로부터 유도되는 것이 된다. 이것을 더 거슬러 올라가면 시간, 공간에 원자성(原子性)을 갖게 해야 한다는 것이 소영역 이론의 사고 방법이다.

방정식이 다른 해답으로부터 여러 가지 소립자가 유도된다고 생각하는 점에서는 하이젠베르크의 이론과 비슷하다. 그러나 그의 경우에는 소립자가 시간, 공간적인 구조를 가졌다고는 생각하지 않는다. 소립자는 서로 다른 소립자로부터 만들어지고 있다는 관계로부터 여러 가지 소립자가 근원물질을 재료로 하여 정해진다고 주장한다. 그러므로 그의 이론에

소립자의 통일은 어느 길로부터

서는 소립자의 상호관계를 부여하는 비선형 방정식이 중요하게 된다. 이 것을 더욱 철저히 해 나가면 구두끈 이론이 등장한다. 츄가 '구두끈'이라고 명명했듯이 소립자는 편상화(編上靴)의 구두끈처럼 다른 종류의 소립자가 서로 얽혀서 만들어지고 있다고 생각해도 된다. 핵자는 끊임없이 다른 핵자와 파이(π)중간자의 세트로 변해 가면서 존재하고, 파이(π)중간자도 끊임없이 핵자와 반(反)핵자와의 세트로 바뀌어 가고 있기 때문이다. 그렇게 본다면 소립자를 나타내는 장(場)의 양은 다른 소립자의 장의 양으로써 결정되기 때문에 이것을 추구해 가면 장의 양 사이의 관계만 중요하게 되고, 장의 양 그 자체조차도 필요하지 않게 된다. 즉 근원물질 등을 생각하지 않더라도 관계식을 부여하는 함수의 특징만 잡으면 된다는 '장을 생각하지 않는 이론'이 생기게 된다. 그때 이 관계식의 특징으로서 소립자의 존재가 결정되는 것이다. 그러나 정말로 처음부터 함수 관계만을 잡을 수가 있을까? 하이젠베르크조차도 좀 더 소립자의 배후로 캐고 들어가 생각해야 한다고 생각한다.

유카와가 생각하는 소립자의 구조보다는 더 구체적인 형태로 그것에 개입하려는 것이 사카타 모형이다. 이 이론에서는 소립자의 구조가 즉석에서 시간, 공간으로 결정되어 버리기 전에 우선 소립자를 만들고 있으리라 생각되는 기본 입자의 세트로 주어진다고 생각한다. 유가와가 소립자 문제의 마지막 답을 한꺼번에 구하려고 하는 데 대해 사카타는 먼저 기본 입자에다 문제를 집중시키고 그다음에 기본 입자 앞에 또 무엇이 있으면 그것에다 문제를 집중하는 방법으로 차츰차츰 답의 범위를 좁혀 나가려 했다.

유카와와 사카타는 중간자론을 공동으로 완성시켰지만 소립자관에서는 전혀 달랐다. 하이젠베르크도 유카와가 중간자론을 제창하는 계기를 주었으며, 사카타에게 모형을 생각하는 길로 나가게 하는 감격을 주었지만, 두 사람은 다른 철학을 갖고 있다. 소립자의 통일을 위한 길은 마치 전국 시대의 천하 통일과도 비교된다. 어느 쪽 생각이 진실의 결승점으로 뛰어드는지 바로 지금부터가 승부를 가름한다."

A 기자는 겨우 납득이 간 듯이 결론을 내렸다.

"결국은 소립자의 세계에서도 아직 앞으로 젊은 사람들이 활약할 수 있는 여지가 있다는 것이군요. 여러 가지로 고마웠습니다."

제10장
소립자론은
무엇을 가르쳐 주는가

소립자론의 곤란한 문제 중 하나는 소립자의 크기를
생각하면 해결될 것이다. 그러나 그것은 결코 간단한 문제가
아니다. 양자역학과 상대성이론이 큰 장벽이 되어 앞을
가로막고 있다. 그 너머를 향해서 노력이 시작된다.

출발점으로 되돌아올 것
- 친구에게 보내는 편지

A 군.

언젠가 군에게 약속했듯이 소립자론이 무엇을 노리고 있는 학문인가에 대한 답을 내보려고 이 책을 써 보았네. 과연 군의 요구에 대답이 되었는지 어떤지, 도리어 알기 어려운 것이 된 것은 아닌가 걱정이네.

아마 자네는 이 책에서 소립자론의 목표를 어렴풋이 느꼈을 것이지만 그와 동시에 그것으로 향하는 발걸음의 더딤과 언제까지고 답이 나올 것 같지도 않은 것에 조바심을 일으켰을 것이네. 좀 더 지름길이 있을 듯해도 때로는 반대의 길을 걸어가는 것처럼 보이거나 때로는 숲속의 샛길로 들어서서 길을 잃고 헤매고 있는 것처럼 생각되었을지도 모르네. 우리 연구자들조차도 때때로 그런 착각을 하는 일이 있다네.

20세기 초기에 원자의 모습이 분명해졌을 때 많은 사람이 양자역학이라는 기묘한 말을 만들지 않으면 안 되었네. 당시에는 그것도 대단한 일이었지만 손에 있는 재료는, 빛과 전자뿐이었으므로 자연의 근본에 접근하는 방법은 비교적 간단한 것처럼 보였었네. 그러나 원자핵에 한 걸음 발을 들여놓자 완전히 장난감 상자를 뒤엎어 놓은 것 같은 결과가 되었네.

현재의 우리는 원자물리학의 시대와는 달리 두 개의 복잡한 문제를 안고 있네. 하나는 새로운 현상 속에서 지금부터 앞으로 어떤 기묘한 재료가 나올지 알 수 없는 미지의 요소를 가지고 있다는 것과 또 하나는 그 재료를 포함해서 어떤 구조가 자연의 근본에 있는가를 탐구하지 않으면 안 된다는 것이네. 여러 가지 현상을 모두 소립자라는 말에 적용해 법칙을 만들려는 입장에서라면 새로이 발견되는 현상도 기본적으로는 소립자로부터 생각하지 않으면 안 되네. 그 경우에 전혀 미지의 소립자가 나타나지 않는다고는 보증할 수 없는 일일세. 이러한 사정까지 고려하여 자연의 법칙을 마련하지 않으면 안 된다는 것은 무척이나 무모한 이야기라 할 수 있네.

그러나 알고 있는 경험과 재료밖에 사용할 수 없는 법칙이나 체계를 만드는 것만으로는 과학에서는 아무런 의미가 없네. 어떤 법칙이나 체계에서도 미지의 현상에 적용될 수 있는 힘을 가짐으로써 그 의미가 나타나는 것이네. 하물며 자연의 기본적인 성립 과정을 탐구하는 소립자론의 법칙은 미지의 것을 모조리 원칙으로 하여 설명할 수 있는 것이 되지 않으면 곤란한 셈이네.

소립자론은 새로운 경험과 재료에 부딪힐 때마다, 그것을 포함한 사고 과정을 세우는 필요에서부터 다시 한번 출발점으로 되돌아가지 않으면 안 된다는 운명을 지니고 있네. 여기까지는 절대로 옳고 여기서부터 앞을 수정하면 된다는 방법은 때로는 성공하는 경우도 있으나 항상 취할 수 있는 것은 아닐세.

앞에서도 말했지만 디랙은 물질의 생성과 소멸의 생각에 도달할 때까지 전자가 존재하는 확률은 항상 일정하게 된다는 전제에서 출발했었는데 마지막에 도달한 답에서 전자는 없어지거나 나타나거나 하기 때문에 그 전제는 전혀 의미가 없어지고 확률파의 생각으로부터 이탈하고 말았네. 여기서 양자역학과 매우 다른 형태를 취하는 상대론적 양자역학이 생겨났네.

디랙의 전자의 상대론적 방정식이 계기가 되어 양전자의 발견을 결정지었다고 할 수 있네. 그런데 여러 가지 소립자의 공명 상태가 등장한 오늘날에 와서는 디랙의 방정식으로 소립자가 기술(記述)될 수 있는지의 여부에 다시 의문이 생기고 있네. 그것을 대신할 더 기본적인 방정식이 있지 않을까 하고도 말하고 있다네. 소립자론의 역사가 시작된 최초의 발판마저도 새로운 사실 앞에서는 출발점에서부터 다시 시작할 필요도 생기므로 그 이후의 문제에 대해서도 여러 가지 변천이 수반되리라는 것을 쉽게 상상할 수 있다고 보네. 그러므로 때로는 되돌아가는 듯이 보이는 일이 사실은 보다 올바른 것에 접근하기 위해서 필요한 셈이네.

그러나 이것은 소립자론에만 한정되는 것이 아니고 아마도 모든 학문이 많건 적건 간에 그러한 성격을 지니고 있는 것이 아닐까? 또 학문에 한하지 않고 모든 문제에서도 그렇지 않을까 생각하네. 그것이 보다 기본적인 문제이면 문제일수록 새로운 경험과 지식에 의해 여태까지의 사고 방법의 가치가 뒤집어지거나 새삼스럽게 출발점에서부터 다시 생각을 고치지지 않으면 안 되는 일이 생기는 것일세. "원점으로 되돌아간다."라는 말이 쓰이는 것도 어떤 경우에는 매우 필요한 일일세. 그런 일이 있기 때문에 그 학문이나 사고 방법은 싱싱한 생명을 가졌다고 말할 수 있네. 그러나 실제로 우리가 오랜 세월 동안 쌓아 올린 사고 방법을 조급하게 버리고 다시 출발점으로 되돌아간다는 것은 쉽게 할 수 있는 일은 아닐세. 새로운 것을 어떻게 해서든지 여태까지의 생각의 연장선 위에서 다루려 하고 그것이 불가능하다면 그것에 대해서는 눈을 감으려고 하네. 학문이나 사고 방법에 노화(老化)가 나타나는 원인의 대부분은 이것이네. 소립자론도 젊은 학문이지만 늘 이와 같은 노화의 위험을 지니고 있네. 여태까지 완전하게 보였던 고전물리학에 대해 근저에서부터 의문이 제기되어 상대성이론과 양자역학이 등장하고 나서 아직 50년쯤밖에 경과하지 않았네. 소립자의 나이는 그보다 더 젊을 것일세. 그런데 그것이 정말로 젊은지 어떤지에 대해서는 그 내용까지 캐고 들어가 문제로 삼지 않으면 안 되는 것일세.

이 책에서 말하고자 한 것은 이러한 젊음이었네. 그러나 여태까지가 그러했을 것이라고 해서 앞으로도 같다고 말할 수는 없네. 다음 세대의 사람들이 어떤 방법으로 소립자론의 젊음을 유지해 나갈 것인지 자네도 차분히 관찰해 주기 바라네.

옳은 것과 그릇된 것
- 물리학을 지망하는 학생에게 보내는 편지

B군.

물리학을 전공하려는 희망을 가지고 열심히 노력하리라 생각하네. 나는 이 책을 꼭 자네도 읽어 주었으면 하고 바라며 썼네. 물론 이것은 자네에게 여러 가지 지식을 주려고 쓴 것은 아니기에 교과서와 같은 역할을 해 주지는 못할 것일세. 그 대신 교과서에서는 볼 수 없는 물리학의 본질을 아는 데는 도움이 될 것이네. 자네가 물리학자가 된다면 그런 본질과 접할 일이 많을 것이라고 생각했기 때문일세.

자네는 이 책에서 물리학의 성과에 도달하기까지 많은 사람의 노력을, 그리고 실패와 불완전함 때문에 교과서에는 쓰여 있지 않은 많은 노력이 있었다는 것을 알아주었으면 하네. 그것은 자네가 연구를 하게 되었을 때 반드시 도움이 되리라고 믿네. 우리가 물리학의 전선에 섰을 때 하지 않으면 안 될 일은 여태까지 확립한 법칙과 체계 위에서 아무도 발견하지 않은 무언가를 새로이 첨가하는 일일세. 아마 자네는 그 상황에서 가장 유효한 방법을 생각하려 할 것일세. 그렇고말고. 그러나 그 유효성에 관해서 오해가 생긴 것일세. 그것이 유효하다는 것은 다음에 구할 해답에 대해서지 지금까지 얻은 법칙에 대한 것은 아니라는 점이네. 미지의 것에 대한 유효한 수단에 대해서 방법론을 강조하는 사람들도 있으므로 그 방법론의 유효성에 대해서는 여기서 언급하지 않겠네. 그러나 중요한 점은 무엇이든지 통용될 만한 만능인 방법론이 있을 턱이 없다는 것일세. 그것이 있다면 문제는 간단하지. 어쨌든 최종적으로는 한 사람 한 사람의 연구자가 독자적으로 무언가 유효한 수단을 찾지 않으면 안 될 것이네. 그것을 방법론이라는 형태로 정리하든 안 하든 간에 관계없이 단순히 교과서에 쓰여 있는 자료만 의지해서 수단을 찾는 것은 선택에 제한이 있어서 방향을 그르칠 우려가 있을 것일세. 교과서에 없는 일의 대부분은 실패와 불완전한 것이지만 그것은 여태까지의 성과에 대해서만 그렇게 말할 수가 있는 것일세. 새로운 미지의 문제에 대해서는 성공도 실패도 모두 마찬가지로 귀중한 발판이 되는 것일세. 인간인 이상 언제나 반드시 최상의 방법을 쓰고 빛나는 성과를 얻을 것이라고는 말할 수 없네. 도리어 매우 한정된 사람만이 성공하는 데 지나지 않고 또 그 사람들도 긴 세월 동안 실패를 거듭한 것이 사실일 것일세. 반대로 인간이 진지하게 생각한 일은 어딘가에 정당한 면을 가지고 있으며 어느 시점에서는 허무한 노력이라고 생각되더라도 긴 시간이 지난 뒤에는 그것이 가장 좋은 답이 되는 결과를 얻을 수도 있는 것일세.

중간자론이 만들어진 직후 중간자가 0의 스핀을 갖기보다는 1의 스핀을 갖는 편이 좋을 것처럼 보였네. 그런데 실제로 발견된 중간자의 스핀은 0이었고 그 시점에서 스핀 1의 중간자에 대한 시도는 사라져 버렸네. 그러나 현재는 여러 가지 중간자가 발견되어 많은 현상에서 스핀 1의 중간자 쪽이 중요한 역할을 하는 듯하네. 10년이라는 세월로 평가하는 것과

30년의 긴 범위에서 생각하는 것과는 이야기가 달라지는 것일세. 학문은 발전하는 것이므로 한쪽 면으로만 판단하는 것은 위험하네.

우리보다 젊은 세대의 연구자는 이 책에서 쓴 소립자론의 지지부진한 행적을 이미 순간적으로 단번에 일어난 것처럼 느끼고 있는 듯하네. 우리 세대도 더 연상의 세대에서 본다면 역사의 길이를 느끼지 못할지도 모르네. 양자역학의 출현이라는 물리학의 대혁명을 경험한 세대와 그것을 강의나 교과서로 배운 세대와는 확실히 사고방식이 다르네. 소립자론의 테두리가 만들어지는 시대를 경험한 세대와 그것을 정리해서 교과서에서 알게 된 세대와는 또 다를 것이야. 학문의 변혁에 대해서 우리 세대는 이치로는 알아도 실제로 그 경험이 없기 때문에 만들어진 것을 쉽게 버릴 수 없는 경향을 벗어나지 못하네. 더 젊은, 이를테면 자네 세대가 되면 어떻게 될까? 아마도 우리보다는 여태까지의 학문을 더욱 확고한 것으로 느끼겠지. 그것은 지나치게 압축되어 버린 역사가 무게를 주기 때문일세.

역사를 배우는 것은 역사적 사실만을 아는 것이 아니라 현재에 있어서 어떤 열쇠가 거기에 숨겨 있는지를 찾는 것이 아닐까? 과거는 현재를 통해서 미래로 투영됨으로써 비로소 뜻을 갖는 것이 아닐까 생각하네. 그러므로 과거에 어떤 중요한 사실이 있었는가가 필요한 것이 아니라 그 속에서 어떤 생각이 자기에게 도움이 되는지가 중요한 것일세.

소립자론의 연구에는 유행이라는 것이 있네. 어떤 것에도 유행이 있으며 유행이 더듬어 가는 운명은 비슷하네. 군이 물리학을 연구하려고 할 때 최초로 부딪히는 것은 이 문제일 것일세. 유행의 첨단을 연구해 나가지 않으면 온전한 연구자로서 한몫하지 못하고 있다는 착각이 들지도 모르네. 그리고 그 유행은 눈 깜짝할 사이에 사라지고 또 다른 유행이 올 것이네. 나는 유행을 만드는 사람들에게는 경의를 가지지만 유행을 좇는 사람들이 창의성이 없다는 것은 칭찬할 수가 없네. 유행을 따른다는 것은 확실히 역사 가운데 가장 안이한 선택을 할 수 있는 방법의 하나일세. 그러나 그것은 자기가 선택한 것이 아니라 주위의 사람들이 선택했다는 의미만 갖고 있는 것이라네. 그런 방법으로 창조적인 일을 할 수 있다고는 생각되지 않네. 만약 군이 연구자가 된다면 넓은 안목으로 여러 가지 가능성을 찾아가기 바라네.

한마디 더 부언하겠네. 소립자론을 연구하는 사람은 최종적인 답으로서 양자역학의 체계를 넘어선 것이 있으리라고 생각하네. 그러므로 양자역학을 사용하면서도 그 결과를 전면적으로 신용하는 것은 아니네. 그러나 그때까지는 양자역학을 충분히 활용하려 하네. 그것으로부터 출발하지 않으면 그 저편에 있는 결과조차도 얻을 수 없다는 것을 알고 있기 때문이야.

최근에 학생들로부터 두 가지의 극단적인 의견을 듣고 깜짝 놀랐네. D 군은 "양자역학이 장차 허물어진다면 우리는 이제 배울 필요가 없지 않은가?"라는 말을 했네. E 군은 "긴 고전 물리학의 역사를 근본적으로 뒤집어 놓았다는 뜻에서 양자역학은 대이론으로 보이지만, 그것이 완성된 지 10년도 채 지나지 않은 사이에 벌써 양자역학이 성립하지 않는다는 의견이 등장한 것을 보면, 양자역학도 그다지 쓸모가 없을 듯하며 대단한 이론이라고는 말할 수 없다고 생각된다."라는 의문이었네.

　A 군도 B 군도 모두 그릇된 생각을 하고 있다는 것을 여기에 쓴 이야기를 참고삼아 자네도 알아줄 것으로 생각하네. 또다시 가까운 장래에 더 충분한 이야기를 했으면 싶네.

현대의 학문
- 어느 젊은이에게 보내는 편지

　C 씨.

　"소립자론이 세상에 얼마만큼이나 공헌하나?"라는 당신의 질문에 대해 이 책이 만족할 만한 답이 되었을까요? 소립자론을 만들려고 노력하는 사람들의 모습을 그려냄으로써 간접적으로나마 답하려고 했었는데 좀 알기가 힘들지 않았는지 걱정입니다.

　이 답이 "학문을 위한 학문"이라든가, "전문가 바보"의 이야기에 지나지 않는다고 꾸지람을 들을지도 모르겠습니다. 그러나 나는 참다운 학문을 한다는 것이 결코 틀린 일이 아니라고 생각하므로 그것을 강조하고 싶었습니다. 현대에 참다운 학문을 한다는 것은 대단한 노력과 용기를 필요로 합니다. 도리어 그렇게 하기를 적극적으로 강조해야 한다고 생각합니다. 그렇다고 해서 학문 비슷한 것을 하는 사람을 모조리 옹호하는 것은 아닙니다. 학문의 이름을 빌려 학자라는 입장을 이용해서 학문과 전혀 인

연이 없는 문제에 관여하는 사람이 많기 때문입니다. 학자는 보통 의미에서는 정치가도 자본가도 평론가도 아닙니다. 정치에만 흥미를 갖는 학자, 자본을 대변하는 학자, 평론하는 일에만 시종하는 학자란 있을 수가 없습니다.

그렇다면 학자는 정치나 사회 문제에 그리고 산업과 그 파급되는 문제에, 문화나 사상의 문제에 맹목적이어도 되는가 하면 그것은 전혀 반대입니다. 그것들은 참다운 학문을 하기 위해서는 빼놓을 수 없는 문제이기 때문입니다.

이 책에서 당신은 현대의 자연 탐구가 국가의 정치, 경제에 관계하는 규모로 되고 있다는 것을 알아주셨을 것이라고 생각합니다. 또 전쟁에 의해서 생긴 세계의 단절이 학문의 진보를 지연시키고 반대로 평화의 도래로 인해 얼마나 화려한 전개가 이루어졌는가를 알아주었으리라고 생각합니다. 학문을 진전시키기 위해서는 학자 자신도 이러한 여러 가지 문제에 적극적이 되는 것도 필요합니다.

확실히 과거에 있어서는 이러한 모든 문제에 장님이 되어 학문만을 하는 사람도 있었습니다. 또 현재에도 그것에 전력을 쏟을 수 있는 것이 학문을 하는 사람들의 이상일 것이라고 생각합니다. 그러나 과거의 시대보다도 현대에서 그 이상은 쉽게 실현하기 어려워지는 것도 사실입니다. 그것은 학문, 특히 자연과학과 그 결과가 되는 기술이 인류에게 주는 영향이 과거에 비하면 훨씬 직접적이고 거대하기 때문입니다. 학문과 그 결과는 별개라고 생각하더라도 과거에는 그 영향이 최소한에 그쳤으나 현대에서는 그렇게 되지는 않습니다. 본래 학자는 학문의 결과에도 책임을 져야 하며 책임을 짐으로써 비로소 참다운 학문을 진전시킬 수가 있습니다. 그러한 자세는 모든 학자가 많건 적건 갖고 있지 않으면 안 됩니다.

학문론이 되어 버렸지만, 이는 소립자론으로 들어가는 데 꼭 알아주셔야 할 문제이기 때문입니다. 솔직히 말해서 소립자론은 다른 과학이나 기술처럼 실제 생활에 직접 소용되는 것은 아닙니다. 물론 간접적으로는 소립자론에서 발견된 사고 방법은 다른 과학과 기술 속에 도입되어 실제로 활용되고 있지만 그것에 대해서는 지금 언급하지 않겠습니다. 사실은 이와 같이 직접적으로는 활용되지 않는다는 성격이 중요한 점이 아닐까 생각합니다. 그것은 그 성격에 의해서 여분의 불순물이 섞여들지 않는 학문의 본질을 나타낼 수가 있기 때문입니다. 이와 같은 표현을 하면 물리학 제국주의(帝國主義)니 소립자론 지상주의니 하는 사람이 있겠지만 나는 다른 학문보다 소립자론이 더 우수하다고 생각하는 것은 아닙니다. 단지 다른 학문이 참다운 모습으로 성장하기를 바라는 뜻에서 소립자론의 성공도 실패도 반드시 다른 학문의 참고가 되었으면 좋겠다고 생각합니다.

학문은 예술과 더불어 인류가 가질 수 있는 훌륭한 지적 활동입니다. 장래 인류가 어떤 방향으로 나아간다고 하더라도 인간인 이상, 이와 같은 지적 활동은 마지막까지 남을 것입니다. 과학 기술과 산업이 건전하게 발전한다면 장래 인류의 물자 생산은 포화되고 그 활동의 비율이 감소할 것은 틀림없습니다. 지상에서의 모든 인간이 동등한 권리를 갖는 정치 형태가 실현된다면 투쟁 수단에 호소하는 비율도 적어질 것입니다. 그 이상적인 시대에 인류는 지적 요구를 만족하는 것이 최대의 목적이 될 것입니다. 우리는 그날이 실현되도록 노력할 필요가 있는 동시에 학문의 올바른 자세를 유지해 나가지 않으면 안 됩니다. 이 두 가지 일은 간단히 분리할 수 없는 문제입니다. 그러므로 사회에서 소립자론의 역할은 과장해서 말하면 인류의 이상을 실현시키는 도화선이라고도 말할 수 있을 것입니다.

자연을 근본적으로 지배하는 것이 무엇이냐는 물음은 인류가 지적 활동을 시작한 이래 지금까지 계속되고 있습니다. 우리는 미래를 향해 현대의 답을 가능한 한 찾아 나가야 할 것입니다. 그러나 그것에 직접 종사하는 것만이 중요한 것은 아닙니다. 그 답을 찾는 것은 인류 공통의 재산이 되는 셈이며 그러기 위해서는 이와 같은 일이 건전하게 추진되는 현대의 장점을 더욱 더 확대해 가는 일도 우리 모두에게 주어지는 책임과 의무가 아닐까 생각합니다.

그러면 안녕히 계십시오. 서로 힘을 다 합시다.

소립자 일람표

광자(光子)	전자기장의 소립자, 아인슈타인이 광전 효과로 예언
경입자(輕粒子)	
중성미자	베타 붕괴의 소립자, 파울리가 예언
새 중성미자	파이중간자 붕괴의 소립자, 사카타가 예언
전자	전기를 띤 소립자, 톰슨이 발견, 양전자는 디랙이 예언
뮤(μ)중간자	우주선의 중간자, 사카타가 예언
중간자(中間子)	
파이(π)중간자	핵력의 중간자, 유카와가 예언
케이(K)중간자	파월 발견. 타우, 세타의 수수께끼 등 문제가 많다.
에타(η)중간자	공명 준위, I.O.O 대칭성에서 예언
카이(x)중간자	공명 준위, I.O.O 대칭성에서 예언
기타 공명 준위	20종류 이상 발견

중입자(重粒子)		
핵자	양성자	수소 원자핵, 양극선의 본체
	중성자	원자핵의 구성 입자, 채드윅 발견
람다(Λ)		버틀러 발견
시그마(Σ)		버틀러 발견
크사이(Ξ)		코스모트론의 실험으로 발견, 캐스케이드 입자라고 불린다.
기타 공명 준위		30종류 이상 발견

도서목록
- 현대과학신서 -

도서목록
- BLUE BACKS -